국과수 출신 안전전문가가 들려주는

안전크레센도

국과수 출신 안전전문가가 들려주는

안전크레센도

발행일 2022년 3월 10일 초판 2쇄 발행

지은이 김의수 / **삽화** 이미정
펴낸이 전귀연
펴낸곳 신광문화사
출판등록 1991년 6월 26일 제6-130호
주소 경기도 파주시 광인사길 201 (문발동, 파주출판도시)
전화 031) 955-4211~6 / **팩스** 031) 955-4217
전자우편 donghwapub@nate.com
홈페이지 www.donghwapub.co.kr
공급처 도서출판 동화기술

책값은 뒤표지에 있습니다.
잘못 만들어진 책은 바꾸어 드립니다.

ISBN 978-89-7432-942-6 (03530)

이 도서의 국립중앙도서관 출판예정도서목록(CIP)은 서지정보유통지원시스템 홈페이지(http://seoji.nl.go.kr)와 국가자료공동목록 구축시스템(http://kolis-net.nl.go.kr)에서 이용하실 수 있습니다.
(CIP제어번호 : CIP2020000639)

국과수 출신 안전전문가가 들려주는

안전 크레센도

김의수

신광문화사

책을 내면서...

국과수 연구사로 임용된 직 후 일반인으로 살아오며 알지 못했던 여러 유형의 안전사고를 조사해오면서 안전이라는 딱딱한 소재를 일반인들이 좀 더 쉽게 받아들일 수 있는 서적이 없을까 고민하다 사고와 함께 일기 형식으로 써 왔던 기억나는 에피소드를 이제는 어느덧 이야기라는 형식을 빌어 세상에 들려주게 되니 나름대로 뿌듯함을 느낀다.

고3이라는 매우 혼란스러웠던 시절. 태풍으로 인해 수재민이 되어 집과 어머님을 잃고 갈 곳 없어 방황하던 청소년 시기의 나의 자화상. 실제 재난을 겪은 뼈아픔 경험을 통해 한껏 더 안전에 관한 요구와 열망은 청년 시절을 지나고 성인이 되어 오면서 더욱 커졌던 것 같다.

재난, 수재민, 위험이라는 단어를 남의 이야기로만 생각했던 나에게, 고3 이후 주어진 환경과 삶의 무게는 매우 혹독했으며 이를 계기로 재난 및 안전사고가 한 번의 이벤트로 끝나는 것이 아니라 지속적으로 삶 전체에 관계하고 있으며 그 만큼 우리에게 주어진 안전이 얼마나 중요한지를 가슴 깊이 깨닫게 하였다.

재난안전 분야에 몸담고 있는 이십년 동안의 삶이 내가 예전에 겪었던 재앙이 태풍이라는 자연재난과 잘못된 사방사업이라는 사회재난이 복합적으로 작용하여 발생된 복합재난이라는 형태의 학문적 의미를 지님을 이제야 겨우 알게 될 만큼 나 또한 매우 재난안전에 무지하며 살아 왔다.

하루에도 많은 유형의 사고가 발생하고 발생한 사고는 많은 이해관계자를 낳으며 많은 이해관계자들은 항상 발생한 사고와 관련하여 그 나름대로의 다양한 이야기를 담고 있다. 그러기에 사고 발생 시 초기에 입회하는 경찰, 소방, 국과수 요원들의 경우는 이러한 다양한 이야기에 언제나 노출되어 있고 오랫동안 그 이야기는 어느 덧 자기의 일로 비추어 생각하는 습관이 생겨 버린다.

LG전자, 삼성전자 연구원으로 재직하면서 제품 불량이 얼마나 되돌릴 수 없는 인명피해를 동반한 안전사고의 형태로 출현될 수 있는지를 실제 경험하였으며 이후 국과수 안전사고 담당 감정관으로서 태안유조선추돌사고, 천안함 침몰사고, 경주마우나리조트 붕괴사고 등의 주요 사고를 조사해오면서 어느 덧 사고조사는 나와는 떨어질 수 없는 또 하나의 이름표가 되었다.

본 서적은 각 다른 유형의 안전사고와 최근 십여 년 동안 사회에 이슈가 되었던 사고에 대해 나의 관점에서 이야기 형식을 빌어 독자들이 이해할 수 있는 우리들의 이야기로 느낄 수 있도록 노력하였고 관련 사진 삽입을 통해 읽는 이가 마치 국과수 조사관이 되어 사고 현장을 직접 보는 듯한 경험이 전달되기를 기대하며 기술하였으며 좀 더 우리 주위에서 발생하는 각종 안전사고를 쉽게 이해하는데 초점을 맞추었다.

본 서적에 소개되는 사고 사례 중에는 지금도 여전히 논쟁이 되는 민감한 부분의 이야기는 제외하였으나 그래도 이야기 기술 상 언급되는 일부 내용에 대해 허락 없이 기술된 부분이 있으면 사고 관련자분들에게 양해 부탁드리오며 이해를 돕기 위해 언론보도, 인터넷 자료 등을 일부 활용하였는데 이에 관해서도 저자들에게 감사드린다.

마지막으로 원고 집필을 위해 물심양면 도와 준 아내와 출판을 위해 힘써준 신광문화사 직원분들께 감사드리며 본 서적을 읽으시는 많은 분들이 주위 분들께도 이야기를 공유하여 안전이라는 소재를 본인과 가족의 문제로 받아들이고 이해하는데 도움이 되었으면 하는 바람이고 이를 통해 안전의 중요성이 사회 전반에 시나브로 퍼져나가길 소망해 본다.

개개인의 삶에 작은 변화를 줄 수 있는 조그만 날개 짓이 되길 바라는 마음을 담아

싱가폴 HSA 출장을 마치고 돌아오는 항공기에서

김의수 삼가쓰다

목차

내 삶의 변화와 국과수

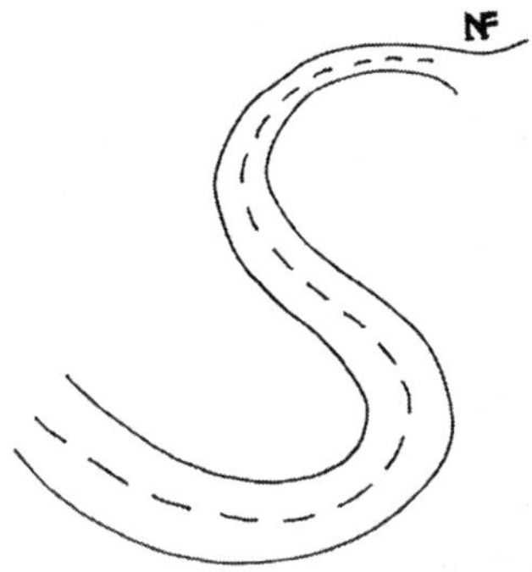

고등학교 3학년 여름까진 난 그저 형편이 어려운 공직자 아버님과 가사에 도움이 되고자 화장품 판매업을 하시던 어머니를 모시고 살던 평범한 학생이었다. 당연히 어디서 태어났는지는 기억조차 없고 유아기 임업훈련원에 근무하셨던 아버님과 함께 양산 통도사에서 목재 건축물에 살던 생각이 잠시 나고 독일을 자주 왔다 갔다 하시며 아버님이 사 오신 장난감 선글라스를 세발자전거와 바꿔 타며 지냈던 기억이 가물거린다. 통도사 근처에 5일장이 섰던 것으로 기억하는데 그때마다 어머니를 따라 장을 보았던 생각도 난다.

초등학교는 부산에서 입학을 했고 세 번 정도 여러 가지 이유로 초등학교를 옮겨 다니며 여느 아이들과 마찬가지로 그냥 주위 친구들과 어울려 다니던 초등시절 생각이 난다. 성격이 워낙 내성적이라 초등학교 3학년 시간에 선생님께 오줌 누러 가겠다는 말도 못해 바지에 오줌을 싸서 한없이 부끄러움을 느꼈던 기억도 떠오른다. 중학교도 단지 부모님이 인문계 가야지 하셔서 인문계 갈 정도만 성적을 챙겨서 입학했고 그 외 단지 특별한 재능은 없었다. 그러나 내가 정말 이런 성격을 가지고 있었나 싶을 정도로 내면에 감추어져 있던 성격이 드러난 것은 중학교 2학년 시절이었다.

중학교 2학년 때 누나 친구 소개로 가족 전체가 교회를 다니게 되었고 그때부터 나에게 있어 삶은 완전히 바뀌었다. 처음 교회를 따라 갈 때 트레이닝복을 입고 따라 나섰는데 그게 동기생들에게는 어수룩하게 보였고 또한 인상적이었던 것 같았다. 츄리닝(트레이닝복)이라는 별명을 가진 채 매주 마다 이해할 수도 없는 성경을 보고 사도신경을 외우며 교회를 다녔다. 중학교 때부터는 교회 학생회 조직이라는 게 있었는데 동기생 애들이 없다 보니 '서기'라는 직분을 맡게 되었고 가끔씩 예배를 주관해보기도 하고 대표기도를 해보기도 하다 보니 내성스러움은 어디로 간 채 외향적인 성격이라는 소리까지 들으며 교회 학생회 활동에 매진했고 그 곳 사람들과 소소한 정을 나누는 재미에 빠져있었다.

우연찮게 중학교 때 전교에서 3등을 한 적이 있는데 이를 계기로 아버님이 약속하신 기타도 선물 받았고 교회 형들로부터 연주하는 법을 더듬더듬 익힌 덕분에 웬만한 가스펠송과 찬송가는 연주가 가능하여 그 또래에선 아주 많은 인기를 누리고 있었다. 교회 신앙생활보다는 그 외적인 것도 훨씬 삶의 활력소가 되었던 듯하다. 어릴 때 내성적인 성격이었으나 노래 부르는 것은 무지 좋아했고 나름대로 학교 대표, 합창단을 할 만큼 자신도 있었다. 노래에, 기타연주에, 외모에 그 때 당시에는 세상의 중심이 나인 것처럼 내가 세상의 주인공이 된 듯한 기분으로 살고 있었던 것 같다.

고등학교 들어와서는 학생회 '총무' 직분을 맡아 활동에 더욱 매진하게 되었고 학교 마치면 교회에서 저녁지어 먹고, 교회에서 공부하고, 교회에서 잡담나누고 그런 생활이 거의 삶의 전부였다. 그만큼 가족과는 상당히 멀어졌던 것 같다.

그러나 고3 시절부터는 대학 문제도 생각해야 되고 또한 이성에 눈이 떠지다보니 교회를 다니는 것이 많이 혼란스러웠다. 우리 집안은 일반 한국 대부분의 가정과 비슷한 모토가 유교, 불교인지라 제사를 모시는 등 그에 대한 고민도 많았고 앞일에 대한 불안감 등도 교회를 멀리 하는 계기가 되었던 것 같다. 그러고 있던 중 고3 여름. 정말 내 삶을 완전히 바꾸어버린 큰 사건이 발생했다.

91년 8월 22일. 3,138억 원의 피해를 낸 초대형 태풍인 글래디스가 부산, 울산, 마산 지역을 강타했다. 태풍 경보가 내려졌으나 누나 대학 등록금 납부기일이 그날까지라 누나와 엄마는 비와 바람이 부는 날씨에도 앞으로 일어날 재앙도 모른 채 집을 나섰다. 아침에 엄마가 매일 끓여 주는 곰탕 국물에 싫증을 내며 엄마와 또 한바탕하고 비오는 날씨의 울적함도 달랠 겸 그 전에 빌려온 '죽은 시인의 사회' 비디오를 보기 시작했다.

몇 시간이 지나서 엄마한테서 '등록금 내려 왔는데 태풍이 와서 학교가 문을 닫았네. 금방 돌아갈게.'라는 전화가 왔고 그리고 얼마동안 시간이 흘렀다. 죽은 시인의 사회에서 자주 나오던 '카르페디엠'이라는 단어와 의미를 되새기며 있을 때쯤 누나가 2층 현관문을 열고 들어왔다. 나는 누나가 사온 뭔가를 받아 들기 위해 소파에서 일어났고 그 순간 뭔가 휙 하는 소리와 함께 내가 앉아 있던 소파 벽체가 파손되면서 흙과 나무가 밀려들어 왔고 2층 바닥이 기울고 천장이 무너지기 시작했다.

이 모두가 순간에 일어날 만큼 엄청난 사건이 발생했다. 짧은 찰나에 누나를 보호해야겠다는 생각이 들어 누나를 덮어 위에 움크렸고 집은 한 순간에 붕괴되기 시작했다. 죽었구나 하는 잠시 짧은 시간이 지나고 눈을 떠보니 천장 콘크리트 파편에 다리가 찢어진 것 외에 나는 살아 있었다. 누나도 아무 이상은 없었다. 그때 제일 먼저 떠오르는 이름 엄마! 정신을 차린 후 누나에게 물었다. “누나! 엄마는?” “몰라”, 엄마가 웬 비가 이렇게 많이 와 하며 집 바로 뒤에 있는 산 쪽으로 올라갔다 1층 대문을 열고 들어오는 것을 본 게 마지막이라는 것. 아차, 싶었다. 그래도 괜찮겠지 생각했다.

일단 무너진 2층을 빠져 나가야 상황 파악이 될 것 같아서 나갈 부분이 있는지 살펴봤다. 다행히 무너진 부엌 쪽 천장이 붕괴되면서 약간의 틈이 보였다. 부엌은 접시와 그릇 등이 깨져서 온통 파편 투성이었다. 일단 여기를 빠져 나가야겠다는 생각에 몸에 상처가 생길 것을 감안하고 틈새로 향했고 결국 누나와 나는 옥상으로 빠져 나왔다.

나와서 본 동네의 모습은 너무 처참했다. 말로만 듣던 ‘산사태’. 동네는 흙과 나무가 2층 이상 높이로 쌓여 형체를 알아볼 수 없었다. 정말 말 그대로 난장판이었다. 비는 계속 억수 같이 쏟아졌고 비디오를 시청하고 있을 당시 잠옷만을 입고 나와 몸에는 한기까지 느껴졌다. 어떻게 해야 될지 몰라 고민하다 일단 엄마를 찾아야겠다는 생각이 들었다.

그런데 누나가 마지막으로 엄마를 확인 했던 대문 쪽이 나무와 흙이 쌓여 접근할 수가 없었다. 주위를 둘러보니 일부 주변 이웃들이 나와 있었으나 다들 정신이 없어 우리를 챙겨 줄 만한 이는 아무도 없었다. 다리는 찢어졌으나 정신이 없어 아픈 줄 몰랐고 몸에 한기가 느껴지는 것을 먼저 해결하기 위해 누나와 급한 마음에 눈에 보이는 아무집이나 들어갔다. 들어간 집에 할머니 한 분이 계셨고 내 몰골을 보시고는 선뜻 아들이 입었다는 옷 한 벌을 내어 주셨다.

그러고 나니 다리가 아파오기 시작했다. 우산도 없던 터라 비를 맞으며 약 6km 이상을 걸어 동네 종합 병원인 시민병원에 도착했다. 일단 수술부터 받아야겠다는 생각에 접수를 한 후 수술로 15바늘 이상을 꿰맸다. 나와서 사정을 설명하고 약을 받으려고 하니 돈을 내지 않으면 약도 없고 나갈 수 없다는 이야기만 간호사에게 전해 들었다. 방법이 없었다. 엄마를 찾아야겠다는 생각 말고는. 나쁜 짓 인줄 알지만 눈에 보이는 우산 두 개를 집어 든 후 병원을 도망치듯 나왔다. 수술을 했지만 아픔을 느낄 만한 경황이 없었다. 집에 다시 도착해 주의를 둘러봐도 이웃사람들 외에 관공서에서 나온 분들은 거의 보이지 않았다. 동장님만 나와 실종자 인원 파악을 하는 정도였고 나도 엄마가 보이지 않음을 이야기 할 정도였다.

그러던 중 산에서 생활하고 있던 어르신 한 분이 산사태와 함께 밀려 내려와 사망자로 발견되었다. 이래서는 안 되겠다고 생각하고 일단 누나를 대피 장소인 초등학교에 데려다주고 난 다시 아픈 다리를 끌고 집으로 향했다. 날은 점점 어둑해지고 일단 아버지에게 연락할 방법을 찾기로 했다. 동장님에게 이야기해서 연락 좀 해달라고 이야기했지만 양산도 비가 많이 와서 교통과 통신이 마비되어 연락이 되지 않는다고 했다. 도움을 요청할 사람도 없었다.

참담함과 암울함을 느낄 수도 없을 만큼 절박하고 급박했었기에 연락할 방법을 찾기 위해 또 한참을 걸어 자주 다니던 약국으로 향했다. 약사님에게 사정 설명을 한 후 연락할 방법을 부탁했다. 휴대폰이 없던 시절이라 아버님 직장명 외에는 전화번호도 친척들 전화번호도 아무것도 모르고 있었다. 낭패였다. 번호를 모르니 아무에게도 연락할 방법이 없었다. 일단 유선이 안 되니 양산 통도사 쪽 경찰서에 무선으로 연락을 취해 알아보겠다는 말만 듣고 내가 할 수 있는 건 연락이 닿을 수 없는 아버지와 어디에 있을지 모르지만 어딘가에 살아 있기만을 바라는 엄마를 기다리는 방법 밖에 없었다.

그렇게 해는 저물어 한 줄기 빛이라고는 찾아볼 수 없는 밤이 되었고 쏟아지던 비도 그쳐 스산하고 적막한 기운만이 마을에 펴져 있었다. 사고가 오전에 발생하였으나 아버님은 저녁 9시쯤 되서야 허겁지겁 달려오시며 사고현장에 모습을 보이셨다. 산사태로 꽉 막혀 있는 진입로를 보시고는 멍하니 한 숨만 내쉬셨다. 들어보니 양산에서 부산오실 때도 정말 어렵게 도착하신 듯 했다. 무선으로 연락을 받은 경찰서 전갈을 통해 사고 내용을 일부 접하셨고 차를 가지고 오시다 양산에도 비가 너무 쏟아져 도로가 유실되고 차량이 물에 빠져 운행이 되지 않는 상태가 되니 오실 방법이 없어 걸어오시다 지나가는 차를 잡고 또 걸어오시다 부산가는 차량을 잡아 겨우 집에 도착하신 것이었다.

아버지가 도착하시고 나서야 관공서 등에 이야기하시어 밤 12시 정도가 되어서야 발굴 작업이 시작되었다. 흙더미에 사체가 얼마나 묻혀 있는지를 파악할 수 없었기에 포크레인이 동원되었으나 함부로 바켓을 찍어 발굴하기에 어려움이 있었다. 또한 진입로가 차량 한 대 겨우 진행할 수 있는 폭 밖에 되지 않아 포크레인 바켓으로 흙을 들어 회전한 후 흙을 내린 수도 없는 지경이었다.

결국 방법은 포크레인으로 상부 흙부터 조금씩 깔아 내려 진입로 입구까지 끌어 놓고 다시 올라가서 똑같은 작업을 반복하는 길 밖에 없었다. 그러기를 대략 10시간. 야간작업을 서서 지켜보며 길고 긴 밤을 꼬박 세웠다.

다음날 점심 무렵. 사체를 찾았다는 소식이 들려왔고 처음 발견된 사체는 다행히 어머니가 아니었다. 앞 집 지하에 사시던 분인데 밤에 일하고 낮에 집에 와서 주무시다 참변을 당하셨다. 두 번째 사체 발견 소식이 들여왔다. 하지만 모든 사체는 진흙이 번복이 되고 나무 등에 찍혀 많이 손상되어서 가족도 잘 알아보기 힘든 정도의 모습이었다. 아버지가 먼저 보고 오시더니 엄마가 맞는 것 같다고 이야기하셨다. 참았던 울음이 확 쏟아졌다. 얼마를 울었는지도 모른다. 사체를 일단 병원으로 옮겨 세정을 해봐야 자세한 상태를 알 수 있다고 해서 가까운 장례식장으로 옮겼고 결국 잠자시듯 눈을 감고 계시는 관에 누운 엄마 얼굴을 맞이할 수 있었다.

엄마 얼굴을 맞이한 순간 곰국 때문에 싸웠던 아침의 어리석었던 나의 모습이 엄마와의 마지막 대면이었다는 것에 가슴이 시리도록 아파왔다. 아무것도 할 수 없었다. 손상이 심해 사체도 몇 바늘 꿰맸다고 하셨다. 고3. 이제까지 고생하시고 이제야 행복함을 누리고 사실 연세에 아무 것도 해드리지 못한 아들이 너무 바보스러웠고 안타까웠다. 어머니가 등록금을 내려고 빨간 가방을 들고 나가 등록금을 내지 않은 채 돌아 오셨으니 빨간 가방 안에 돈이 있을 거란 이야기를 듣고 일부 사람들이 산사태 잔해를 뒤져 찾아다니는 모습도 보였다. 빨간 전화기를 주워 들고는 어머니가 정신이 없어 가방 대신 빨간 전화기 들고 나간 것 아냐 하는 아저씨 한 분의 말씀도 들었다. 여러 가지가 어처구니없었다.

사고 발생 후 마땅히 지낼 곳이 없어 우린 동사무소 2층 바닥에 판자를 깔아 놓고 그곳에서 숙식을 해결해야만 했다. 뉴스에서나 보고 듣던 수재민 생활이 시작되었다. 그리고 수재 의연금 모금, 수재민을 위한 이불 담요 제공, 숙식은 주로 컵라면. 그땐 난 고3 여름이었다. 병원 장례식장 2층에 다리가 찢어진 채 겨우 입원을 했다. 장례식장에는 엄마 영정을 모셔놓고 상주인 나는 그 병원 2층에 입원해 있었다. 겨우 어머니 장례를 마치고 청도 서산 장지로 어머님을 모시던 날도 비가 억수 같이 쏟아졌다. 도착했을 때 미리 파놓은 장지에 물이 차여 이를 퍼내기 위해 숙부님께서 정말 고생을 많이 하신 듯 했다. 우린 어머니를 마음에 묻고 부산으로 돌아 왔다. 대부분 같이 했던 수재민 들은 자택이 붕괴되지 않은 터라 다들 정리되어 집으로 돌아가고 오직 보금자리가 붕괴된 우리 가족만 홀로 동사무소 2층 판자 바닥에 남겨져 있었다.

당시 민방위 훈련이 있던 터라 민방위 대원들이 우리에 갇힌 동물을 보듯 우리를 보고 지나갔다. 아버님은 사고 정리하신다고 바쁘셔서 누나와 나 둘만 남아 있는 경우가 많았는데 누나를 혼자 거기에 두고 어딜 가서는 안 된다는 생각이 들었다. 일부 가족들이 장례를 치른 후 사고 원인 및 보상에 대해 여러 가지 이야기가 오가고 있었다. 유가족들이 잠정적으로 내린 원인은 뒷산 사방사업이 이루어졌는데 이 사업이 부실해서 흙이 많은 양의 물을 견디지 못해 산이 붕괴되었다는 것이었다. 아버님이 임업 쪽에 관여하시다 보니 사방사업에 있어서는 내용을 많이 알고 계셨고 나름대로 지인들을 통해 조사해보니 그런 결론이 나온 듯 했다. 수재민 대표를 아버님이 맡으셨고 국가를 대상으로 하는 투쟁이 시작되었다. 거리 집회를 가졌고 집회를 위해 준비를 했다. 나에게 주어진 업무는 큰 스피커가 달린 차량에 앉아 어머니를 그리워하는 편지를 읽어 내리는 것이었다.

그리고 한 달 가량이 지나갔다. 아버님은 그 때 고3인 나를 근심어린 눈빛으로 바라보시곤 하셨다. 여름이지만 체육복 하나를 입고 근 한 달을 버텼다. 집이 붕괴되면서 모든 집안 물건이 유실되어 공부할 책도 한 권 건지지 못했다. 학교는 당연히 가지 못했다. 친구들이 찾아와서 자기가 보던 책이라고 모아서 주곤 했다. 복잡한 환경에서 일단 내가 할 수 있는 건 공부를 해야겠다는 생각이 들었다. 동사무소 바로 옆 독서실을 끊고 약 3달 가량을 거기서 먹고 친구들이 챙겨온 책을 가지고 공부를 했다.

고3은 여름부터 공부를 얼마나 하는데 따라 학력고사 점수에 미치는 영향이 많기에 그 시기가 매우 중요한 시기라는 건 누구나 부정할 수 없는 사실이지만 나에겐 내가 기댈 방과 책조차 허락되지 않았다. 가끔씩 독서실 옆자리 친구 부모님이 오셔서 같이 분식 먹으러 가자고 하시면 따라 나가 가족의 정을 대신 느낄 정도였다. 사고 이전 성적은 아주 특별하지는 못해도 상위권을 유지하고 있었기에 여름부터 남아 있는 시간에 공부를 좀 더 열심히 하려는 욕심은 있었으나 사고 이후 그럴 여유조차 없었다. 그래도 마음을 다 잡고 공부를 해서 지금의 부경대. 옛 부산수산대 기계공학과에 입학을 했다. 처음엔 가서 장학금 받아야지 하는 생각이 있었지만 입학해보니 나보다 상회하는 성적의 소유자들도 꽤나 있었다.

고등학교 때 사고의 충격으로 눌러 왔던 서러움과 서글픔이 대학을 들어오면서 쏟아지기 시작해 결국 대학 1학년의 삶은 술로 무너지기 시작했다. 동사무소 2층에 판자를 깔아 놓고 생활하다 부산 서동의 한 구석지고 외진 집을 구해 나왔으나 집안은 산사태로 인해 하나도 제대로 건지지 못한 가재도구 때문에 텅텅 비어 있었고 수재민 생활 당시 지급받았던 이불 몇 채가 전부인 상태였다. 대학 입학과 동시에 학교 가까운 곳 남천동에 조금만 아파트 한 채를 전세로 얻어 이사를 했고 억눌린 서러움과 슬픔과 아픔이 가시게 매일 술을 먹고 집에 잠만 자러 들어오는 생활이 이어졌다.

어느 날 술 먹고 만신창이가 된 나를 아버지가 깨우셨다. 내가 누나는 여자라서 이야기는 못하겠고 마음도 그렇고 집안도 어수선하니 재혼을 해야겠다는 아버님의 말씀. 그때가 어머니가 사고로 돌아가신 지 1년 정도가 되던 해인 것 같다. 내 몸과 마음 하나 다스릴 수 없는 상황이라 아버님 말씀이 크게 귀에 들어오지는 않았고 깊게 생각하지도 않았다. 그렇게 하시라는 말 외에는 아무런 대화가 크게 없었던 것 같다. 사실 사고가 나기 전에는 아버지와의 대화는 거의 없었다. 동사무소에서 서동의 한 외지에 집을 옮겨 살 때 고3인 나를 위해 밤새도록 곰국을 끓이시던 모습이 아마도 청년이 되어서 아버지의 정을 느낀 첫 번째 계기였던 것 같다.

당시 돈 3천원을 받아 수업은 들어갈 생각이 없었고 '내가 본 튀김'이라는 학교 근처 분식집으로 매일 아침 출근해 아침부터 소주 한 병과 튀김 한 접시, 담배 한 갑을 품어내는 게 일상이었고 점심은 과 선배와 동기들과 함께 또 소주 한잔. 저녁은 동아리 선배와 동기들과 또 소주 한잔. 그리고 잘 곳이 없으면 대학 광장 잔디에 누워 잠을 자는 게 대학 새내기 생활의 전부였던 것이다. 아무런 삶의 계획도 없었고 기대도 없었다. 마냥 술만 먹고 다니는 것이 행복했기에 밤새도록 먹고 마시고 토하고 또 마시고... 그렇게 생활을 하니 간에 무리가 올 수 밖에 없었다.

2학년이 되니 동기들이 하나둘씩 군대를 가기 시작했다. 나도 그냥 군대 가야 되니 가야겠다는 생각 말고는 다른 생각이 없었다. 다만 어디선가 공군이 외박도 잘 나오고 좀 편하다는 이야기를 들은 지라 공군을 지원해서 가야겠다고 생각했고 공군 입영 시험에 지원했고 합격해 공군 영장을 받아 들었다. 아버지는 말이 나오신 후로 재혼 맞선이 계속 진행되어서 결국 재혼하신 상태였다. 미장원을 하시던 분인데 아버지하고는 나이 차이가 12살 정도. 그리고 결혼 경험이 없는 미혼 여자 분이었다. 매일 술로 학교에서 밤을 새운 터라 집에는 잘 들어가지 않았다. 공부를 하고 싶지는 않았지만 학교에서 숙식 정도를 해결하기 위해 재료 공학 실험실에 들어갔고 그곳에서 숙식을 해결하는 상태였다.

1993년 9월 1일 진주 사령부로 군대에 입대했다. 3년이라는 시간을 대구 공항 K-2기지에서 전투기 기체 정비 특기로 생활했다. 군대 생활 반은 운 좋게 대대본부 행정병으로 차출되어 비행기 스케줄 관리를 맡는 직무를 담당했고 무사히 3년을 채워 만기 제대했다. 군대 생활 중 94년에 100년 만에 오는 39도의 대구 날씨도 맛보고, 김일성 사망으로 비상도 걸려보고 나름대로 할 이야기가 많지만 남자들 군대 생활 이야기는 해도 끝이 없다고 해서 본 글에서는 언급하지 않으려고 한다. 군대 제대 후 나름대로 취직도 하고 공부도 해야겠다는 생각이 들기 시작했다. 처음엔 아주 열심히 해야지 라고는 생각하지 않았고 워낙 부진했던 영어 공부는 한번 해봐야겠다는 생각에 복학 전 새벽에 일어나 남포동까지 학원을 다녔고 조금 조금씩 공부에 맛을 들여가기 시작했다. 그러다 복학을 했는데 이미 복학한 동기들도 있었고 나와 같은 시기에 복학하는 동기들도 있었다.

하지만 학교 분위기는 예전 같지 않고 많이 조심스러웠다. 취직 걱정 등을 하다 보니 다들 어학, 전공 공부에 많이 신경을 썼고 학점 등 학과 등수에도 매우 민감했다. 먼저 복학한 동기들이 학과 등수로 경쟁을 하고 1등한 동기는 선망의 대상이 되는 그런 분위기였다. 그런 분위기여서인지는 모르겠지만 왠지 나도 1등을 한 번 해봐야겠다는 생각이 들었다. 처음엔 그냥 무작정 공부를 했던 것 같다. 교양 과목의 경우 많은 양의 리포트를 요구하는 교수님이 계시면 300백장 이상을 수기로 작성해서 리포트를 냈고, 사진이 필요하면 사진을 책에서 스캔하지 않고 직접 사진을 찍으러 다니며 남들보다는 좀 더 특별한 것을 하려고 노력했던 것 같다. 결과는 과 1등. 전액 장학금. 왠지 그때부터 공부가 재미있어지기 시작했던 것 같다. 새벽 5시에 중앙도서관 전체 불을 켜고 밤 11시에 불을 끌 정도로 어학 및 전공 공부에 매진했었다.

3학년이 되어서는 여러 가지 이유로 과 학생회장을 맡게 되었다. 학생회장을 하면서도 공부엔 소홀하지 않았다. 아예 공부를 제대로 해보려고 학교 기숙사까지 들어갔다. 당시 부산 거주 학생은 기숙사 들어가기가 하늘의 별 따기였는데 과 1등에 4.5 만점을 받은 나로서는 별 문제가 되지 않았다. 학생회장직을 맡아 저녁에 술자리가 많아도 기숙사 들어와서는 꼭 그날 볼 공부 범위를 채우고 잠을 잤다. 지금 생각해보면 참 대단한 열의를 가졌던 것 같다. 복학 후 4학기에 걸쳐 연속 과 1등을 했다. 그것도 대부분 4.5의 학점으로.

하지만 또 시련이 다가왔다. 그 전에 학생회장만 하면 우리 과의 경우는 대기업에서 인턴을 그저 주는 제도가 있었는데 97년 그 유명한 IMF 시절을 맞이하면서 모든 제도가 사라지고 그 흔한 원서 한 장 구해보기가 힘들었다. 더군다나 부산공업대학교와의 통합이 성사되면서 학과가 통합되어 우리 과의 경우는 매우 혼란스러운 상황이었다.

난 당시 학생회장을 맞고 있었고 통합되는 우리 과를 살리기 위해 서명운동 및 집회 등을 주도했다. 어느 대학이든 마찬가지겠지만 특히 우리 대학의 경우는 기계과가 대학의 모든 과를 대표할 만한 인원과 역량이 있었기에 모든 일에 앞장서는 상태였다. 모든 구성원이 남자로 이루어져 있고 단순 무식 공대에서 제일 대표성을 띠는 성격 때문이었다. 우리의 노력에도 불구하고 결국 대학은 통합이 되었고 우리들의 설 자리는 점점 좁아지는 상황이었다.

부경대학교 1대 총 학생회장에 내가 거론되기 시작했고 난 당시 결정이 필요했다. 두 대학이 통합한 터라 처음에 누가 기선을 잡느냐가 당시에는 매우 중요했다. 여러 가지를 고민했던 것 같다. 나의 미래. 학교의 발전. 고민 끝에 난 학생회장을 나가지 않기로 결정하고 결국 학교에 휴학서를 냈다.

지금 생각해보면 당시 잘한 일 중에 하나가 아닌가 싶다. 아마도 내가 총학생회장에 당선되었다면 내 삶은 지금 어떻게 바뀌어 있을지 모를 지경이다. 휴학서를 내고 더욱 열심히 공부에 매진했고 상위권의 영어점수, 기계관련 5개의 1급 기사 자격증. 그리고 어느 정도의 학점. 나 나름대로는 취직을 위한 스펙은 만들었다. 사실 1급 기사 자격증의 경우를 1년에 5개 딴다는 것은 물리적으로 불가능하다고 한다. 실기와 필기를 병행해 치러야 했기 때문에 1년에 한 번도 안 쉬고 단 한 번도 모든 시험에 불합격이 없어야 딸 수 있는 자격증의 숫자는 4개. 하지만 아마도 그 땐 미쳤던 것 같다. 하루에 시험 2개를 소화해냈으니. 기술사와 기술고시를 생각해볼 정도로 그땐 실력이 그 정도가 되었던 것 같다.

하지만 웬 바람이 불었을까. 친구 따라 강남 간다고 친한 친구가 일본으로 유학을 간다고 하니 나도 그 말에 솔깃했고 또 열심히 일본어도 배우러 다녔고 수준 또한 상급 정도로 인정받았다. 하지만 그냥 한국에서 취직해야겠다는 생각이 들었고 이리저리 취직자리를 알아봤다. IMF로 인해 예전에 그렇게 많은 공고가 나던 공기업, 대기업의 채용 공고는 거의 찾아보기 힘들었다. 각 대학 채용 공고 사이트를 매일 매일 모니터링하고 있던 중 지금의 LG디스플레이에서 아주 적은 규모의 채용이 있는 것을 발견했다. 하지만 당시에는 인터넷 접수가 전혀 활성화되지 않은 시대라 원서를 구하지 못하면 입사지원 조차 어려운 상황이었다. 방법이 없어 임의 포맷으로 나를 가장 잘 표현할 수 있는 이력서와 자기소개서를 만들어 공고된 문의 메일로 보냈다. 원서조차 받지 못한 상태에서 전혀 기대는 하지 않았다.

그리고 얼마 후 나의 정성이 통했는지 서류전형 통과 전화가 왔고 아주 어렵게 LG 그룹에 발을 들였다. IMF 시절 총 33명의 신입사원. 예전의 규모와는 너무도 초라한 채용 숫자였다. 심한 경쟁을 통해 입사된 만큼 국내에서 나름대로 날고 긴다는 유능한 인재들이 채용되었다. 대부분이 서울지역 대학 출신이었고 지방 출신 중에 부경대학교 출신은 나 혼자가 유일했다.

2여년 회사 생활을 하다 좀 더 상세 전공에 대한 공부가 필요하다고 판단하여 회사를 그만두고 대학원에 진학을 결심했다. 회사를 그만 두고 대학원 진학 전 한 일은 고기 집 아르바이트. LG에 있는 동기들이 다들 의아하게 생각했다. 그 일 잘하던 의수가 어디 스카우트되어 다른 곳에 갈 줄 알았는데 겨우 회사 그만두고 하고 있는 일이 고기 집 아르바이트. 하지만 6개월 동안 보고 배운 게 많았다. 2년간의 대학원 석사 생활을 마치고 또 LG전자에 입사했다. 대학 졸업과 동시에 입사했던 LG와는 사뭇 달랐다. 당시에는 세부 전공이 없었기에 주로 공정 및 품질 업무를 수행했지만 석사 학위 취득 후에는 대학원 전공을 살려 연구소에서 근무하는 조건이 주어졌다.

첫 직장을 전자 업계 계통으로 입사하다보니 계속 전자 업계에만 입사 인연이 닿는 것 같았다. 그래서 남자에겐 첫 직장을 어느 업종으로 가느냐가 중요하다고 하는 것인가 보다. 입사 후 몇 개월 되지 않아 삼성전자로 이직을 결심했다. 기업 문화와 수도권 생활 등에 매력을 느꼈고 가전연구소 쪽이라 아무래도 대학원 전공을 많이 살릴 수 있는 기회라 생각했다. 하지만 내 인생이 그리 평온하지 않았듯이 회사 이직도 쉽게 이루어지지 않았다. 입사 합격 통보를 받고 그룹 교육을 들어가는 날. 그룹 본사에서 이동하는 버스로 연락이 왔고 LG전자 재직 경력이 있는 사람은 일단 입사가 불허하다는 통보. 동종업계 많은 인원들이 서로 좋은 조건으로 이동하면서 그룹 간 소송이 붙은 이유였다. 사실 많이 황당했다. 입사를 위해 전 직장을 퇴직하고 온 상태에서 갑자기 실업자가 된 기분이었다. 더구나 입사 후 2달 뒤에 결혼식이 잡혀 있던 터라 이런 상황은 받아들여지기 쉽지 않았다.

1년 뒤에 재입사를 하기로 하고 당분간 원래 입사하기로 예정되어 있는 수원에 머물기로 했다. 졸업 전 취직을 해서 계속 직장을 다닌 터라 갑자기 쉬는 이 시간에 무엇을 해야 될지 감이 서지 않았다. 1달을 그렇게 보내다 수원에 있는 아주대 법학과 조교 채용 공고를 보게 되었고 결혼을 위해서는 직장이 필요했기에 지원을 했고 운 좋게 채용이 되었다.

결혼식 날. LG그룹 화환과 삼성전자 화환, 그리고 아주대 화환까지. 결혼식에 오신 친척 분들이 도대체 다니는 회사가 어디야

하며 혼란스러워 하시기도 했다. 아주대를 3개월 정도 출근하고 있을 때 도대체 내가 이 소중한 시간을 무얼 하고 있는 거지 하는 생각이 들었다. 결국 어학연수를 결심하고 사랑스러운 아내와 함께 우린 필리핀 일로일로에 있는 한 어학원으로 향했다.

재입사 한 달 전 캐나다 밴쿠버에서 1개월 정도 어학연수 후 한국으로 돌아와 기다리던 가전연구소에 입사하였다. 마지막 직장이라 생각하고 나름대로 열심히 일했던 것 같다. 가자마자 VIP 센터에서 합숙하며 연구 개발 업무를 수행했고 주로 유럽 및 미국행 제품 개발을 맡아 6개월 내 15건의 특허도 기록하면서 주위 직장 동료들의 도움으로 승승장구했던 것 같다. 바쁜 업무 속에서도 좀 더 공부에 매진하기 위해 새벽 기차와 막차로 부산을 오가면 박사 학위 과정도 진행했다.

그러던 중 내가 개발한 제품이 연구소에서 개발실로 이관되었고 나도 어쩔 수 없이 따라서 개발실로 파견을 가게 되었다. 이후 짧은 시간에 자주 바뀌는 조직. 그리고 중국 시장 라인업을 위한 장기 파견 예상. 마지막 직장이라고 생각했던 곳이라 정도 많았고 조직을 위해서 노력하고 싶었지만 그때의 결정은 여러 가지 생각으로 또 다시 내가 다른 세상에 눈을 돌리게 했다. 한 분야에서 전문가가 되고 싶었지만 자주 바뀌는 조직, 전문성 없는 업무 등으로 무료함을 느낄 때쯤 한 곳에서 한 분야에 대해 매진할 수 있는 곳이 없을까 생각하며 몇 년 동안 접속하지 않았던 채용 사이트를 들어가게 했다.

그 당시 눈에 띄었던 곳이 국립과학수사연구소. 일반인들이 흔히 부르는 국과수. 알아보니 국과수의 경우는 채용 공고가 거의 나지 않고 국가공무원이라 들어가기도 만만치 않은 곳이라고들

다들 일컬었다. 특히 이공학과 계열은 근무하는 인원이 몇 명 되지 않아 더욱 그런듯하다고 이야기 들었으나 기계 직렬 2명을 특채로 뽑는 공고는 나의 마음을 솔깃하게 했다. 물론 되지 않을 거라는 생각에 그냥 한 번 지원해보기로 했다. 그러나 서류 전형 합격. 임용 후 들은 이야기지만 당시 경쟁률이 23대 1 정도 되었다고 한다. 국과수 안전사고 분야를 활성화시키기 위해 채용이 이루어졌다는 이야기를 전해 들었고 나름대로 국과수 이공학 분야의 활동을 언론 등을 통해 면밀히 챙겨 보았다.

최근 문제가 되고 있는 천연가스(CNG) 버스 용기의 개발, 다양한 제품 연구 및 개발, 가스기사 등 안전사고와 관련 있는 다수의 자격증, 그리고 박사 학위, 어느 정도의 영어 성적. 기존에 준비해왔던 여러 가지 경력이 결국 합격이라는 영애를 가져다주었다. 임용 후 처음 근무했던 총기연구실을 거쳐 물리연구실에서 주로 서울, 경기 지역의 기계, 전기, 가스, 건설 안전사고의 감정을 모르는 분야는 공부해가며 대부분 혼자 담당했다. 태안유조선 추돌 사고를 시작으로 천안함 침몰, 경주 리조트 붕괴 사고 등 대형 사고에서도 주 감정을 담당했다.

해를 거듭할수록 다양한 사고를 접하면서 느끼는 점은 내가 한 감정이 감정으로서만 끝나는 것이 아니라 국과수 감정 결과로 형사 및 민사 책임이 이루어지고 이 결과를 통해 작게는 한 개인, 크게는 한 기업이 망할 수 있구나 하는 것이었다. 감정 결과로 인해 피해를 본 측에서 감정인을 상대로 민사 소송이 진행되는 것도 보았고 우리가 쓴 감정서 문구 하나 하나가 얼마나 중요한지를 느끼면서 법을 알아야겠다는 필요성이 절실히 요구되었고 결국 한국방통대 법학과에 편입하게 되었다. 주말을 쪼개가며 학업에 매진

한 끝에 그 어렵다는 방통대 법학과 졸업을 2년 만에 졸업했고 자세히는 모르지만 어느 정도 감정과 관련된 법에 관한 지식도 축적해나갔다.

임용 후 2년 정도 지나 국과수에서 익히고 배운 경험과 지식을 바탕으로 학회 활동과 법공학 전도사 직분을 시작했다. 내가 본 국과수 이공학분야의 문제점은 수많은 사고 조사로 축적된 지식도 많고 연구도 일부 진행하지만 국과수 내부에서만 이를 공유한다는 것이었다. 특히 사고 조사 분야는 보는 사람의 전문 지식, 경험 등에 따라 사고를 해석하는 결과를 달리하는데 좀 더 객관적이고 투명한 사고조사와 감정인들의 역량을 업그레이드하기 위해서는 이를 공개하고 또한 외부 전문가들에게 이를 평가받을 필요가 있다고 느꼈다. 그래서 대한기계학회, 한국안전학회 등 학진등재 학술지에 국과수 이공학분야에선 처음으로 사고조사 내용과 연구 결과 등을 발표하기 시작했고 법공학의 중요성도 함께 강조하였다.

그 후로 여러 선배들과 동료들이 이에 동참하여 학회에 논문을 발표하기 시작했고 타 기관과의 워크숍을 공동 개최하는 등 법공학 역량을 키워 나가고 있었다. 법공학을 학문으로 승화시키기 위해 내부에서 법공학에 대한 이해가 어느 정도 진행되고 교수님들의 관심이 증폭되는 시기에 결국 중앙대 대학원에 전공 선택 과목으로 법공학이라는 단일 교과목으로 강의까지 만들게 되었다. 늦게 현장조사가 끝난 뒤에도 강의 시간을 놓치지 않기 위해 마치기가 무섭게 저녁 한 끼는 내 열정으로 채운 뒤 강의에 열중했고 더욱이 겸직으로 중앙대학교 겸임교수 직분까지 맡아 법공학의 학문적 정착에 매진하였다. 서울대학교에서도 관심을 가지기 시작했고 급기야 법공학을 함께 할 수 있는 연구회가 조직 운영되었으며 국내 최고 대학의 객원교수가 된 것도 송구스러운데 더불어 서울대학교 대학원생들 앞에서 교수로서 학생들을 가르치는 영예까지 안았다.

더 나아가 이제는 법공학의 역할 중 사고조사 뿐만 아니라 사고예방까지 공익을 위한 활동이 필요하다고 판단되어졌고 서울대학교 저명한 교수님을 소장으로 모시고 서울대 내에 안전행정부 비영리 법인인 (사)법안전융합연구소를 설립하여 사무총장 직분까지 겸임하게 되었다. 본원 국과수 안전연구실에서 사고 조사에 매진하고 있던 중 여러 노력으로 동기 중에선 처음으로 8년이라는 짧은 시간 내 연구관으로 승진되는 영광을 맛보았다.

하지만 연구관 승진이 그리 좋지만은 않았다. 초임 연구관의 경우는 승진 후 첫 발령지가 지방이라는 것과 그 첫 지방이 국과수 서부분원이라는 곳이라는 것 때문이었다. 국과수 서부분원은 장성 시내에서도 차를 타고 20여분 들어가야 되는 정말 인적이 드문 곳에 위치해있고 더욱이 폐교를 빌려 생활하는 터라 건물이 엄청 노후화되어 있어 모두가 꺼리는 곳이었다. 축령산 바로 아래 위치해 있어 맑은 공기 외에 장점은 하나도 없는 곳이기에 맑은 공기에서만 살 수 있는 보기 힘든 뱀, 노루와 같은 야생 동물들을 주변에서 흔하게 볼 수 있다는 것을 장점으로 억지로 생각하며 살아가는 그런 삶이었다.

1년 정도 지나 부산 분원에서 생활하던 중 또 한 번 내 삶을 변화시키는 기회가 찾아 왔다. 줄곧 국과수에서 근무하면서 느꼈던 것이지만 실제 사고 현장을 가보면 너무 어처구니없는 원인에서 사고가 발생하고 있고 더욱이 그 사고가 계속 되풀이 되는 후진국형 사고라는 것이다. 감정과 연구 업무를 함께하고 있는 상태에서 현장에서의 배우고 익힌 안전 사고조사 경험과 이에 이론적인 부분을 추가해 사회에 환원할 수 있는 방법이 뭘까 라는 생각. 조직이라는 곳을 떠나 좀 더 자유로운 곳에서 안전과 관련된 연구와 사회활동을 진행해보고 싶은 생각을 가지고 있던 중 대학이라는 곳을 바라보게 되었고 결국 10년 동안 꿈꿔왔던 안전공학과 교수로 임용되어 국내 안전을 위해 좀 더 활발한 활동을 할 수 있는 내 삶의 마지막 기회가 주어지게 되었다.

고3 시절 자연재난으로 인한 수재민 생활, LG 및 삼성에서의 연구 및 품질관련 업무, 국과수에서의 각종 재난안전사고 조사 경험, 그리고 국립대 안전공학과 교수로서의 직분. 이 모두가 어떻게 보면 이 자리에 나를 있게 해준 조물주의 짜여진 고통과 기쁨이 아니었나 싶다.

이제 40대 중반의 나이. 지금 생각해보면 짧다면 짧고 길다면 긴 인생. 살아온 변화무쌍함이 지금의 나를 만들었고 이 모두를 있게 해준 삶의 환경과 주변 분들에게 항상 감사드리며 본 지를 마친다.

법 안전 그리고 공학...
법공학을 찾아서

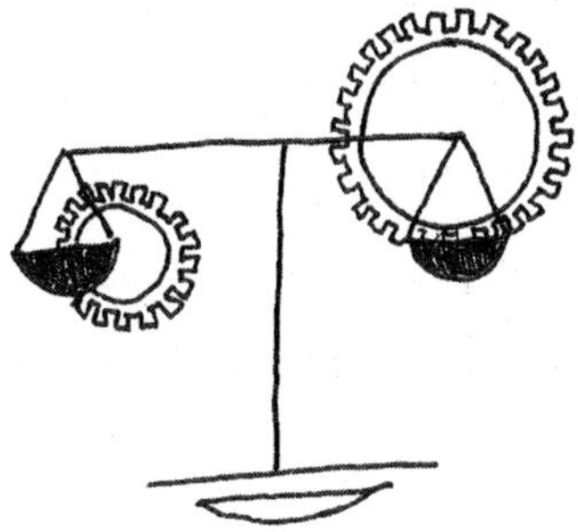

LG전자와 삼성전자에서 근무하다 국과수 연구사로 임용된 지 2년이 지날 때쯤 나름대로 내가 가지고 있는 지식으로 뭔가 좀 새로운 분야를 개척할 게 없을까 고민하고 있었다. 국과수 이공학분야가 안전사고 감정을 위해 처음으로 신규 채용을 하여 임용된 자리였으나 나의 임용 후 초기 담당 업무는 총기연구실에서 실장님을 보좌하는 역할이었다. 공군 출신으로 군대에서도 주로 전투기 스케줄 관리만 해오던 나였었기에 총기라는 분야는 매우 생소하게 들렸다. 국정원이나 경호처, 세관 등 사회에서 희귀하게 생각하는 다양한 전문 직업을 가진 분들을 접할 기회는 많았지만 임용 당시 총기연구실 업무는 폭약 분석이나 총기 감정 중에서도 모의총포 감정 업무를 주로 해오던 터라 나에겐 그리 흥미로운 업무는 아니었다.

기존 대학원에서 배우고 익힌 시뮬레이션 기법 등을 총기 사고에 적용해보기 위해 여러 시도를 해봤지만 여러 가지 여건으로 이마저도 쉽지 않았다.

어느 날 문득 이런 생각이 들었다. 국과수는 크게 법의학 분야와 법과학 분야로 나누어져 있는데 사고 원인 분석과 관련된 사고 해석 업무를 다루는 우리 같은 분야는 법과학과 별도로 뭔가 학문화된 분류가 있을 것 같은데 왜 마약과 알코올 분석과 같은 어떻게 보면 좀 다른 성격의 분야가 함께 법과학이란 이름으로 그룹이 되어 있는 것일까 하는 의문이 들기 시작했다. 그 의문은 점점 더 강해져 나를 검색이라는 인터넷 도구 위에 올려놓았다. 혹시 법과 공학이 합쳐진 법공학이란 단어가 없을까? 국내 검색 엔진으로 법공학이란 단어를 검색해보니 거의 찾아보기 힘들었다. 힘들다기보다는 아예 검색이 되지 않았다.

결국 해외 검색 엔진을 뒤지기 시작했는데. 글쎄 “Forensic Engineering”이란 단어를 쳤을 때 무지 쏟아지는 정보들. 내 예상이 맞았다. 법공학이란 단어는 이미 미국, 영국, 일본 등 공판주의가 정착된 나라에는 이미 기계공학, 건축공학과 같은 학문의 한 분류를 차지하고 있었고 많은 법공학자들이 활동을 하고 있었다. 더구나 변호사처럼 법공학자라는 직업으로 다양한 종류의 전공을 가진 이들이 법적 분쟁 해결을 위한 자신의 이름 또는 회사의 이름을 걸고 법적 전문가 증언, 사고 컨설팅 등 많은 일들을 하고 있었다.

마약이나 알코올 분석 등과 같은 법과학은 주로 기기의 신뢰성과 발전에 의지하는 분야로 예를 들어 술을 마셨으면 어느 정도 마셨고 그로 인해 면허 취소가 가능한지 여부 등 결과가 명확하기 때문에 법정 논쟁을 불러일으킬 만한 여지는 거의 없다. 마약의 경우도 마약을 했다 안했다를 채취된 증거물에서 이를 분별할 수 있는 물질을 채취하여 기기 분석을 통해 이를 판별함으로써 그 또한 법정에서 논쟁할 만한 대상은 존재하지 않았다. 하지만 법공학 분야는 사고 원인을 조사하는 분야로 전문가의 지식, 경험 등에 의해 그 결과가 달리 나올 수 있으므로 법정에서 논쟁이 끊이지 않는다. 그만큼 논쟁이 많다는 뜻은 변호사들처럼 우수한 법공학자를 만나면 자기에게 유리하도록 판결을 받아낼 수도 있다는 뜻이다. 즉, 누가 어떻게 어떤 부분을 좀 더 전문적으로 관찰하느냐에 따라서 그 책임소재는 변할 수 있다는 것이다.

가령 제품에서 화재가 발생했을 때 소비자든 제조사든 누구 하나 내가 잘못 했소라고 먼저 고하는 상황은 거의 보기 힘들다. 누가 감정을 하느냐에 따라 동일 사고 원인의 결과가 소비자 사용 과실일 수 있고 또는 제조사 책임이 될 수도 있다. 이것은 일례를 든 것이고 삼성 유조선 사고와 같이 피해가 상당한 사고가 발생했을 때 그 책임 소재가 누구에게 있냐에 따라 작게는 개인, 크게는 기업에게까지 존치 여부에 대해 큰 영향을 입힌다. 이것이 사고조사에 대해 전문적인 지식과 원인을 파악해 낼 수 있는 법공학자가 반드시 필요한 이유다.

아마도 미국, 영국과 같은 선진국에 수많은 법공학자가 존재하고 있다는 것만으로 법공학의 정착은 사회를 안정시키고 억울한 사람이 없는 세상을 만드는데 큰 기여를 한다고 생각한다. 이런 생각에 몰두하다보니 내가 하고 있는 일이 더욱 흥미로워 보였다. 그 후 법공학에 대해 지속적으로 관심을 가지게 되었고 급기야 사고 조사에 많은 관심을 가지고 계시던 중앙대학교 윤 모 교수님을 찾아가 이를 학문으로 정착시키기 위한 제의를 드렸다.

내용을 줄곧 듣고 계신 교수님을 보니 교수님께서도 상당히 흥미로워하시는 눈치셨다. 결국 중앙대학교 기계공학부 대학원에 겸임교수직을 받고 국내 최초로 한 학기 법공학이란 제목으로 과목을 개설했다. 언론에 기사도 내니 관심 있어 하는 경찰, 소방, 변호사, 손해사정사, 기업 품질 및 소비자 서비스 담당자들이 연락이 오기 시작했다. 아. 법공학이 되는구나 하는 감격마저 들었다. 관심 있어 하시는 분들을 모아 함께 국내 법공학 정착에 기여할 수 있는 모임을 만들어야겠다는 생각이 들었다.

일은 원활하게 이루어져 결국 국내 최초로 법공학을 다루는 한국법공학연구회를 창설했다. 법공학은 사고조사 뿐만 아니라 사고조사를 통한 법적 개선 등 예방활동까지도 연계된 분야이므로 이를 계속 되풀이할 수 있다면 우리나라가 안전사회, 안심사회로 가겠구나 하는 확신이 들었다.

법공학이란 단어 하나를 들고 여기저기 뛰어 다녔다. 그러고 다니니 나에겐 법공학 전도사라는 별명까지 붙어졌다. 초빙강연도 많이 들어 왔고 학교에서도 새로운 분야에 대한 학생들이 관심이 높아져 강의 개설 요청도 많이 들어 왔다. 하지만 큰 벽이 연구소 내부에 존재했다. 법공학이란 말이 어디 있냐? 법만 갔다 붙이면 다 되는 줄 아냐? 등 법공학을 부르짖으며 다니는 나를 바라보는 시각은 그다지 좋지 못했다. 또한 법과학부에 속해 있으면서 법공학해야 된다고 다니니 이공학분야를 법과학에서 빼서 다른 새로운 분야 만드는 것 아니냐면서 많은 부분이 왜곡된 눈초리로 나를 바라 보셨다. 하지만 당시 원장님과 과장님의 생각은 달랐다.

내가 가져다 드린 자료와 여러 가지를 찾아보시더니 법공학이 법과학과 버금가는 새로운 분야이고 지금 이공학 요원들이 그 분야를 하고 있구나하는 동감을 느끼셨다. 결국엔 서울대학교 총장님과 원장님을 모시고 법공학 발전을 위한 업무 협약 체결을 이루어 냈다. 또한 서울대학교 내에 법공학 전문 연구소까지 만들어 당시 안전행정부 비영리인가를 받아 사무총장이라는 직분으로 법공학 발전 및 안전을 위한 업무를 총괄 수행했다.

더 놀라운 것은 2013년 11월 국과수에 법공학부가 직제개편을 통해 새로 조직이 만들어졌다는 것이다. 이를 통해 이제는 법공학에 대해 내부에서 이의를 다는 사람은 없다. 물론 내가 법공학 분야의 수장은 아니지만 많은 이들이 법공학이란 학문을 인정했고 인정받았다는데 그 기쁨을 느낀다. 하루 빨리 법공학이 국내에 정착되어 제대로 역할하기를 바라며 법공학 분야에 관심 있어 하는 분들을 위해 저널에 기고한 내용을 바탕으로 간단하게나마 내 생각과 자료를 본 지에 수록한다.

신뢰성과 법공학의 정착

기계 시스템의 대표적인 예로서 철도, 자동차, 항공기 등을 들 수 있으며 이러한 기계시스템들이 대형화, 대용량화, 고속화, 복합화된 상태에서는 현상이 매우 복잡하게 될 가능성 또한 높아 현상의 해명 및 예측이 어려워져 신뢰성이 떨어지는 결과를 가져온다. 신뢰성이란 어떤 제품, 부품 또는 시스템이 규정된 조건하에서 지정된 기간에 걸쳐 요구되는 기능을 유지 수행하는 확률로 정의되며 신뢰성이 없는 즉 요구되는 기능을 수행하지 못하는 경우 파손 또는 고장이라는 결과를 가져오고 이로 인해 신뢰성이 무너지면 안전성의 문제로 발전된다. 신뢰성과 안전성에 문제가 생겨 발생되는 안전사고는 대체로 대형 사고로 이어질 가능성이 높아 막대한 인명 및 물적 피해를 가져오게 되며 그 결과 사회에 미치는 영향도 매우 커 사회는 점점 매우 불안하고 위험이 많은 사회가 되어간다.

이러한 문제를 해결하기 위해서는 기계 및 전자 제품의 설계, 제작, 사용에 관한 신뢰성을 높이고 안전성을 확보하는 것이 무엇보다도 중요하다. 이를 위해서 사고가 발생할 경우 다양화된 시스템에서 어느 부분에서 신뢰성이 문제가 되는지를 먼저 파악하여야 하며 그 사고의 원인을 먼저 정확하게 규명하는 일이 우선되어야 한다. “사고를 알아야 예방이 보인다.” 의사가 정확한 진단을 해야 환자가 적절한 치료를 통해 회복될 수 있듯이 원인 규명의 경우도 정확한 사고 원인, 즉 신뢰성이 낮아지는 원인을 정확히 파악해야 적절한 예방책을 찾을 수 있으며 이를 통해 불안하고 위험이 많은 사회에서 안전사회로 향하는 지름길을 제시할 수 있다. 이에 본 글에서는 각종 사고에 관한 법적 문제에 대해서 이를 공학적으로 해명을 주는 학문 분야인 법공학의 역할과 구성, 향후 발전 방향에 대해 소개하고자 한다.

법공학의 개요

법공학(法工學)은 아직 국내에서는 생소한 학문으로 미국, 영국, 일본 등에서는 이미 정식 학문 명칭으로 등극하였고 대학 내 관련 학과 및 과정을 신설하여 많은 연구 활동이 이루어지고 있다. 의공학(醫工學)이 의학과 공학을 접목시켜 공학의 다양한 연구결과를 이용하여 첨단의 의료기기를 개발하고 체계적인 환자진료를 하기 위한 학문이라면 법공학(Forensic Engineering)은 안전사고, 화재사고, 교통사고 등 각종 사고에 관한 법적 문제에 대해서 이를 공학적으로 해명을 주는 학문 분야로 법과학(法科學)의 분석 분야와는 달리 종합적인 공학 및 법학 분야의 전문지식이 요구되어지는 해석 전문 분야이다. 이러한 법공학은 그 역할에 있어 두 가지 성질을 띠게 되는데 공학적 측면은 사고조사 및 예방에 대한 것이며, 법적 측면은 사고 원인에 대한 법적 책임을 다루는 것이다.

법공학의 구성

법공학을 법과학의 세부 분류 중의 하나로 보는 관점과 법의학과 같이 법과학과 대등한 분류 단계에서 보는 관점이 있으나 미국과 영국 등에서는 후자의 분류 체계로 분류하고 있으며 법과학이 분석 위주라며 법공학은 논쟁을 많이 불러일으키는 해석 분야이므로 따로 나누어 생각하는 것이 바람직하다. 법공학에서 다루는 세부적인 내용은 공구흔·절단흔·총기흔 등과 같은 파손사고에 대한 과학적 검사 및 조사, 전기화재·차량 화재·화재에 의한 폭발 등과 같은 화재 관련 분야, 전기적·기계적 안전사고·건설 안전사고등과 같은 안전사고 관련 분야, 교통사고 원인 조사·사고의 재구성 및 역학 조사등과 같은 교통 관련 분야, 구조물의 안전 여부 및 붕괴 사고 등에 대한 원인조사등과 같은 건축 및 토목 분야, 오폐수 처리 및 관련 시설·인체 손상 평가 연구등과 같은 법의공학 분야 등으로 요약되며 여기에 사고 현장 및 감정물을 증거화할 수 있는 사진 측량, 촬영 기술과 공학 전문가로써 법정에서 증언하는 방법 및 윤리관 등에 관한 내용으로 구성되어 있다.

▮ 기계구조물 붕괴 사고

▮ 화재 사고

▮ 자동차 충돌 해석

▮ 가스 폭발 사고

법시스템에 있어서 법공학의 역할

하루에도 많은 사고가 발생하고 많은 이해관계자들이 그 사고와 연관되어 민사 혹은 형사적 책임 소재를 밝히기 위해 끊임없는 논쟁에 휘말리게 된다. 특히 공판주의 도입으로 조서중심주의, 자유 심증주의에서 증거중심주의로 제도가 변화하면서 사고에 있어 유효 증거는 책임소재를 따질 수 있는 더욱 중요한 가치를 지니며 이를 파악하기 위한 무형기술 또한 큰 의미를 가진다. 작게는 자동차 접촉사고에서 크게는 태안유조선 추돌사고 등과 같이 그 책임소재에 따라 개인 혹은 법인의 흥망을 좌우하는 사고까지. 이렇듯 역학환경에서 발생하는 사고의 원인과 책임소재를 따지는데 있어서는 기계공학, 전기공학, 화학공학 등의 전문지식이 필요하지만 법조인들이 이를 감당하기에는 큰 무리가 따르기 때문에 대부분의 경우 사고 관련 전공 공학자의 지식에 의지하게 된다.

이를 극복하기 위해 다양한 전공자들이 로스쿨을 통해 법조인의 길을 갈 수 있도록 제도가 마련되었으나 안전사고, 화재사고, 교통사고 등의 경우는 석사 이상의 세부전공 지식을 통한 사고해석이 필요한 경우가 많기 때문에 더욱 전문화되고 체계적인 조사 방법을 연구하는 학문 및 전문가의 창출이 절실하다고 판단된다.

사고예방에 있어서 법공학의 역할

각종 사고는 물적인 불안전 상태 및 인적인 불안전 행동 등의 직접원인에서 기인하고 기술적 요인, 인간적 요인, 관리적 요인의 간접원인에 의해 직접원인은 유발된다. 고로 이를 예방하기 위해선 기술적 요인을 해결하기 위한 공학적 대책, 인간적 요인을 제거하기 위한 교육적 대책, 관리적 요인을 향상시키기 위한 규제적 대책이 필요하게 되는데 법공학은 사고원인을 제대로 규명함으로써 기술적, 인간적 요인을 해결하는데 필요한 적절한 공학적 대책을 마련하고 이를 적용할 수 있는 규제적 대책을 제정하는데 관심을 두고 있다. 사고를 알아야 예방이 보인다.

치료를 받는 환자의 경우 정확한 병명을 알아야 이에 걸 맞는 치료와 처방이 이루어지는 것과 같이 사고 원인을 정확하게 규명하는 것이 사고 예방을 위한 현실에 부합된 제도와 법적규제를 창출할 수 있다. 법공학적인 측면에서 좀 더 전문화되고 체계적인 사고조사와 원인 규명을 통해서 사고에 대한 원인을 재조명하고 사고를 통하여 얻을 수 있는 교훈을 다시 음미하여 사전에 예방대책을 마련함으로써 유사 및 동종재해의 발생을 최소화할 수 있다.

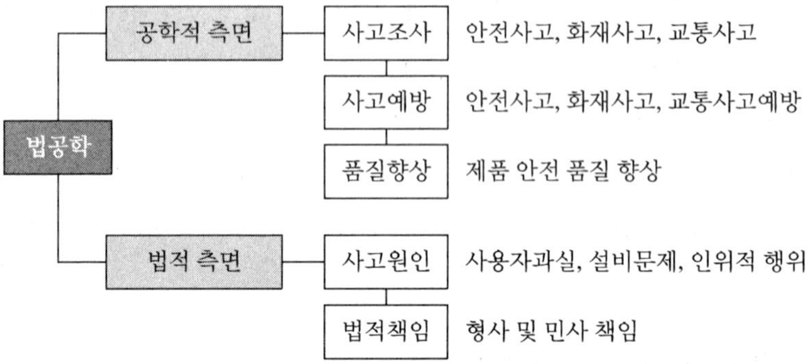

▮법공학의 역할 해설도

국내의 법공학 현황

안전공사 사고조사처, 도로교통사고 감정사, 제품 품질관리자, 안전관리자, 각종 사고조사위원회 등 현재 국내에는 많은 이들이 사고조사 업무와 관련된 일을 하고 있지만 이들이 이 분야에 종사하면서도 본인이 하는 일이 법공학 분야와 관련 있다는 사실을 아는 사람은 드물다. 이미 직업의 한분야로 자리 잡고 있으나 학문적 뼈대가 부족하여 정식 학문으로 인정받지 못하고 있는 실정이다. 정식 학문으로 인정받지 못한다는 것은 관심과 관련 연구에서 언제든지 배제될 수 있음을 의미하기도 한다.

현재 국내에서는 포렌직세이프와 국립과학수사연구원의 사고조사 및 감정 요원들이 대표적으로 법공학 업무를 수행하고 있다. 기계구조물 파괴 사고로 인한 인명 손실의 경우 기초 기계공학 실험인 경도시험, 물성평가, 재료분석을 통해서 사고 원인을 조사하고 있으며 추가로 컴퓨터 수치해석 시뮬레이션을 통해 설계의 오류 및 사용 환경성 평가를 수행하기도 한다. 이미 화재사고, 폭발사고, 교통사고에서는 기계공학에서 상용화된 MADYMO, CFD, AUTO DYN 등의 프로그램을 이용한 충돌해석 및 인체거동, 폭발해석에 대한 결과를 사고재현에 부가적으로 사용하고 있다.

향후 과제

앞에서도 언급했듯이 정확한 사고조사가 정확한 예방활동 및 신뢰성 있는 품질의 향상, 또한 법적 측면에서 정확한 판결을 가져올 수 있다. 이를 위해선 전문화된 사고조사 기술이 필요하며 이 기술을 향상시키고 발전시킬 수 있는 연구 및 교육이 반드시 함께 수반되어야 한다. 이 활동을 지원하기 위해 미국과 영국 등에서는 대학 및 관공서에 많은 수의 법공학 연구소가 설립되어 있고 민사와 관련된 사설 조사업체 또한 협회를 조직하여 이를 물질적, 정신적으로 지원하고 있다.

선진국 대열에 올라 산업사회보다 안전사회를 지향하는 국내에도 이젠 법공학연구소의 설립이 추진되어야 하고 정부 및 대학에서 다양한 지원이 끊임없이 이루어져야 한다. 또한 법공학 관련 석, 박사학위 프로그램을 대학원 내 신설하고 전문지식이 부족한 사고조사자들에 대해 지식을 함양시키고 기술을 습득시키기 위한 전문 교육기관 및 전문대학원을 설립하여 지식 부족에서 오는 결과의 왜곡을 막아야 억울한 사람이 피해를 보는 경우를 최소한으로 줄일 수 있다.

법대와 연계하여 관련 공학자들의 법률지식을 함양시키고 로스쿨 교과과정에도 법공학과목을 신설하여 이해하기 어렵고 잘못된 판단에서 오는 판결의 오류를 최소화해야 할 것이다. 이 모든 법공학 시스템이 구축되었을 때 비로소 우리 사회는 법정의 판결을 신뢰하며 사회전체가 신뢰성이 높은 안전한 안심사회로 갈 수 있는 발판이 마련된다고 생각한다.

영등포 노숙자와 방화셔터

국과수에 임용된 지 3개월이 지난 2006년 9월 30일. 아마도 화재 및 폭발 사고를 제외한 국과수 내에서 부르는 순수 안전사고로는 첫 감정으로 기억한다. 임용된 후 3개월의 신입 감정 교육을 마친 상태라 감정에 대한 열의도 있었고 안전사고 분야를 한 번 키워보겠다는 야망도 가지고 있었다. 수원 삼성 연구소에 근무하다 국과수로 직장을 옮기면서 서울 생활을 시작한지라 길도 낯설고 경복궁, 여의도 등 지방에서 들어보던 명칭도 곁에서 볼 수 있다는 신비감도 있었다. 영등포역에 롯데 백화점이 있는 것도 그때 알았던 내용이었다.

영등포역에서 노숙자 한 분이 방화셔터가 오작동해서 하강하여 잠을 자다 압사한 사고가 발생했다. 노숙자, 장애인 등 사회 약자로 분류되는 계층에 사고가 발생하니 언론에서도 매우 관심을 가지는 눈치였다. 당시 안전사고 분야를 해보시겠다고 물리과를 졸업하셨으나 기계과를 야간 대학원을 다녀 졸업하셨던 과장님을 모시고 우리 영등포역으로 향했다. 사실 방화셔터라는 용어도 나에겐 국과수에 들어와서야 겨우 들어보던 어색한 단어였다. 영등포역 내 롯데 백화점 출입구 측에는 폴리스 라인이 쳐져 있었다. 아마도 사고 현장이 그곳이 아닌가 싶었다.

역사 내 많은 노숙자들이 돌아가신 망자의 영혼을 달래려 작은 테이블에 물 몇 잔 떠놓고 제를 지내고 있었다. 우선 양해를 구하고 전체적인 시스템을 살펴보기로 했다. 방화셔터는 화재가 났을 때 하강하여 화재의 확산 등을 막는 철재문으로 평상시에는 작동하지 않으니 보이지 않아 아마도 변사자도 인식을 못했을 것 같았다. 관계자에게 물어보니 셔터 하부에는 턱이 있어 베게용으로 노숙자들이 사용한다고 하니 좀 더 마음이 찡했다.

방화셔터가 작동할 수 있는 상황은 자동과 수동으로 크게 분류될 수 있는데 자동의 경우는 화재 감지기 등의 화재 인식 센서와 연계되어 연동 시스템에서 명령이 내려져 작동하는 경우인데 자동으로 작동하는 것만큼 상세히 살펴볼 부분이 많았다. 수동의 경우는 연동 장치의 버튼을 눌러 방화셔터를 직접 작동하는 경우인데 이 경우는 연동 장치 내 버튼에 아크릴 커버가 있어 이를 깨거나 연동 장치함의 자물쇠를 열지 않고는 작동이 불가한 상태였다.

우선 사고 시스템의 단순 작동 메커니즘을 먼저 살펴보기 위해 수동 시스템을 검증해 나갔다. 연동 장치 내 자물쇠는 열쇠를 관계자 두 명만이 가지고 있었기에 밑에 누워 있던 노숙자를 보고도 일부러 이를 열어 작동시켰다는 가정은 가능성이 낮았고 더구나 자물쇠에 외부 접근의 흔적은 없어 보였다. 두 번째 아크릴 커버 내 버튼을 강제로 누르는 것인데 아크릴 커버가 정상 상태였기에 이도 가능성이 낮아 보였다. 만약 연동 장치를 수동으로 작동시켜 본 사건이 일어난 것이라면 이는 살인이라 부를 수 있는 범죄 행위이다. 하지만 재벌도 아닌 노숙자를 대상으로 이런 사건을 계획하고 실행할 가능성은 낮아 보였다.

수동 시스템 검사를 마치고 자동 시스템을 검증하기 시작했다. 자동의 경우는 많은 장치가 연동되어 작동되다 보니 꽤나 복잡한 기계 장치들이 연계되어 많이 설치되어 있었고 중간 중간에 신호를 받고 보내주는 분전반도 여러 군데 설치되어 있다. 어쩔 수 없이 시간이 걸려도 장치 하나하나를 화재가 났다고 가정하고 작동시켜 가며 사고 가능성을 검증해 나갔다. 영등포역. 그것도 롯데백화점 출입문. 아마도 서울에서도 제일 사람들이 붐비는 곳이라 해도 과언이 아닌 곳이라 그곳에서 장치를 작동시켜가며 현장 감정을 하는 데는 시간과 공간 등의 제한으로 인해 여러 가지 어려움이 있었다.

몇 시간이 지날 쯤 드디어 하나의 중요한 특이점을 발견했다. 명령을 전달하는 분전반 회로 한 곳에서 내부에 물기가 지나간 흔적이 있고 부식이 진행된 상태를 식별한 것이다. 사실 당시 전기회로 쪽 지식은 부족한 상태라 납땜 자국과 촘촘히 장착되어 있는 이름 모를 장치 외에는 확 눈에 들어오는 것은 없었다. 물리를 전공한 과장님께서 그렇게 말씀하시니 그렇구나하고 생각했던 것 같다.

수소문을 해보니 전 날 물청소 작업이 있었다는 것을 알았고 특이 감정물로 전기기판을 일단 수거해 연구소로 복귀 후 분석을 진행했다. 물기가 있으면 전기 회로는 물길을 통해 다른 회로를 구성할 수 있기 때문에 소위 '점프'를 잡는 결과와 동일한 결과를 나타낼 수 있기에 물기 흔적이 식별되는 통로를 통해 방화셔터 작동 회로가 구성될 수 있는지를 면밀히 검토했다. 그 결과 가능성이 있는 것을 확인했고 수동으로 인한 타살 의혹보다는 물청소로 인한 비정상적 회로 구성으로 결론을 지었다.

이후 3년 정도가 지나고 당시 과장님께서는 퇴직을 하셨고 본 사건 관련해서 법정에서 증인소환이 이루어졌다. 사실 신입 때 그것도 과장님을 모시고 한 감정이라 법정에서 소환이 오니 좀 당황하기도 했다. 과장님이 쓰신 감정서를 일단 검토한 후 법정에 나갔다. 회로 쪽 감정 내용을 변호인 측에서 많이 물어볼 거라는 생각에 나름대로 공부를 하고 갔는데 질문은 수동 장치라는 엉뚱한 곳에서 터졌다. 변호사가 물어 보길 혹시 연동 장치 내 버튼에 아크릴 커버가 씌워져 있었는데 커버는 정상 상태가 맞나요? 그렇다고 대답했다. 또 물어 보길 그럼 그걸 어떻게 확인할 수 있나요? 난 자신 있게 대답했다. 사진보시면 알잖아요.

근데 핵심을 찌르는 변호사의 한 마디. 제가 보기엔 아무리 봐도 커버가 있는 것으로 안 보이는데 여기 감정서 사진 있으니 한 번 보시고 다시 이야기해보세요. 그렇다. 사실 감정서 내 삽입된 사진에는 그렇게 확신하던 커버가 보이지 않았다. 앗... 그렇네요. 잘 보이지 않네요. 사진이 정확히 잘 안 나와서 그런데 분명히 커버가 있었고 정상 상태였습니다. 사실은 이랬다. 아크릴이 투명이다 보니 사진에는 없는 것으로 보인 것이다.

법정을 나오며 그때 정말 감정에 있어 사진 촬영 기술의 정확함이 얼마나 중요한지를 여과 없이 느낄 수 있었다. 선배님들이 감정서에 있어서 사진이라는 것은 매우 중요하기에 사진 촬영 기술을 항상 배우고 익히라 말씀하셨는데 이런 경우를 보고 이야기하는 것이구나 하며 진정한 감정인의 세계로 또 한 발 들어선 기분이었다. 요즘도 과수팀 강의에서 사진에 대한 중요성을 설명할 때 항상 이 에피소드를 소개하곤 한다. 항상 위험에 노출되어 있는 노숙자 분들의 안위를 다시 한 번 생각하며 방화 시스템 오작동이 얼마나 위험한 가를 되새기게 되는 사건이었다.

장애인 전동스쿠터 승강기 추락사고

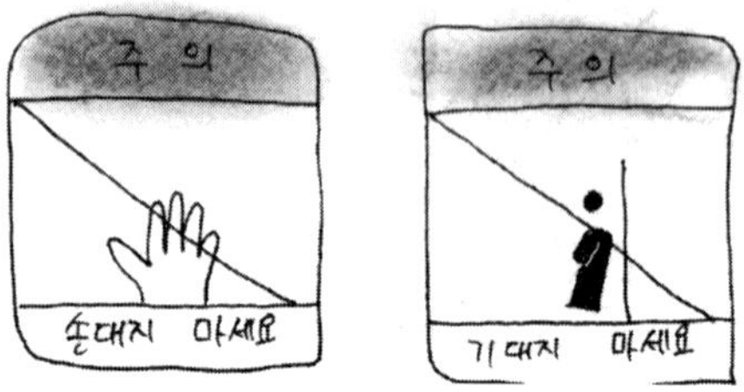

승강기 추락사고 소식은 언론을 통해 빈번히 들려오는 편이다. 하지만 일반인들이 잘못 알고 있는 편견은 승강기의 와이어로프가 끊어져 추락사가 발생한 것으로 대부분 알고 있지만 실상은 그렇지 않다. 승강기 사고 중 제일 많이 발생하는 사고는 승강장에 승강기가 없는 상태에서 주로 승강장 도어가 외부 충격 등에 의해 이탈되어 추락사가 발생하는 경우이다.

대부분 안전공학서적에서 다루는 승강기 편을 보면 이러한 내용을 거의 언급되지 않은 채 승강기 구조, 와이어로프 종류, 협착 등에 관한 이야기만 늘어놓고 있다. 현재 대학의 교육이 현실하고 많이 동떨어져 있다고 생각하는 점이다. 물론 기본적인 내용을 알아야 안전관리 및 점검 등에 관해서도 알 수 있지만 어느 책하나 승강장 도어 이탈에 관해서는 전혀 언급되어 있지 않은 상태이다.

내가 이 책을 쓴 목적도 현실하고 동떨어져 있는 학문 분야에 현실을 보여주어 학생들이나 일반인들이 조금이나마 실제 생활과 관련있는 안전에 밀접한 정보를 알게 해주고 싶은 마음도 있었다.

2007년 2월 20일. 서울 성북구 길음동에서 44세 지체 장애인 아버지가 10살짜리 어린 아들을 무릎에 앉힌 채 전동 스쿠터를 타고 승강기를 타려다 추락하는 사고가 발생했다. 지하 1층에서 지하 2층으로 추락한 아버지는 머리를 크게 다치는 중상을 입었고, 10살짜리 아들도 경상을 입었다. 아버지 진술은 승강장에 대기하고 있던 상태에서 승강기 문이 열리고 안쪽이 밝아졌기 때문에 당연히 승강기가 도착한 줄 알고 스쿠터를 진행했는데 승강장 피트로 추락하였다는 것이다.

일단 여러 가지 장비를 챙겨서 연락받은 당일 현장으로 향했다. 입구에 도착하니 장애인 단체 등에서 나온 많은 분들이 '진실규명'이라고 적힌 플랜카드를 들고 항의 집회를 하고 계셨다. 안전사고 중 어린이, 장애인, 노숙자 등과 관련된 사고는 그분들이 사회 약자라는 측면에서 언론에서도 일부러 크게 사고를 확대해 보도하는 경향이 있었다.

본 사고 또한 장애인 아버지와 어린 아들이 당한 사고라 당시에 사회적으로도 큰 이슈가 되었던 것으로 기억한다. 하지만 생각했던 것과는 달리 우리가 현장에 도착했을 때는 사회 약자들이 타고 오기에는 좀 부담스러운 여러 대의 에쿠스 차량이 시위하듯 우리 차량을 따라 들어왔고 덩치가 크신 분들이 그 차량 안에서 나오셨다. 당시 형사 반장님에게 들은 이야기로는 조폭 활동하면서 상해를 입는 경우가 많아 특정 장애인 단체에 조폭들이 일부 관여하고 있다는 사실. 어쨌든 현장을 둘러보기 위해 바로 사고 승강장으로 이동했다.

정말 많은 분들이 우리가 하는 작업과 현장 감정을 지켜보기 위해 우리를 이리저리 따라 다니셨다. 승강장이 좁은 관계로 이런 상황에서는 현장조사가 힘들겠다고 판단하고 형사 반장님께 각 기관 대표로 몇 분들만 남고 나머지 분들은 나가 계시기를 권했다. 그때였다. 당시 기억으로는 장애인 국회의원 한 분이 계셨는데, 국과수와 경찰이 사건을 음해하려고 한다 등을 외치며 정리가 되어 가던 분위기를 다시 흥분의 도가니로 몰아 넣으셨다.

국회의원 분 의견이라 무시할 수 없어 현장 조사하는데 같이 참여하시기로 권유하고 현장 감정을 시작했다. 여러 가지 흔적 및 구동 상태 등을 살펴본 지 약 10분이 지날 때 쯤. 국회의원분이 말씀하시길 "이건 승강기가 문제네. 승강기 유지 관리가 이렇게 허술해서야!" 하시며 장애인 협회 등 집회에 참석하셨던 분들을 선동하기 시작하셨다. 사실 전문가라고 하는 우리도 현장 조사를 보통 2시간 이상 진행해도 사고 원인을 정확히 밝히기 힘든 사건도 많은데 10분을 들여다보고 결론을 내리시는 모습을 보니 좀 실망스럽기도 한 마음이 들었다. 바로 그 자리에서 언론 인터뷰도 하셨던 것 같다.

우리는 관여치 않은 채 사고의 진실의 찾기 위해 이리 저리 위층 아래층을 오가면 당시 사고 상황 등을 재구성하기 위해 노력했다. 업체 측의 주장을 두둔하는 것은 아니지만 모든 승강장 도어는 작동이 수동적이라 누가 인터록을 풀어 열지 않은 한, 혼자 열릴 수 없고 자동의 경우는 승강기가 승강장에 들어와 레벨을 맞춘 후 신호에 의해 승강기 도어가 승강장 도어를 물고 같이 열리는 방식이라 승강기가 승강장에 도착하기 전 탑승인이 대기하고 있는 상태에서는 승강기 도어가 스스로 열릴 수 있는 경우는 없다고 봐야 했다.

당시 이탈된 승강장 도어표면에 뭔가 강체와 충격된 흔적이 선명히 남아 있었고 추락된 전동 스쿠터를 끌어올려 맞춰 보니 그 흔적이 정확히 범퍼 부분과 일치되는 것도 확인된 상황이라 승강장 문이 열려 스쿠터를 진행했다는 진술은 그리 신빙성이 없어 보였다. 피해자의 경우 눈이 상당히 나쁘셨던 관계로 아마도 반사되는 불빛을 보고 이를 승강기가 도착하는 불빛으로 오인한 점이 있으신 것 같았다. 실험을 해보니 승강기가 도착하기 전 불빛이 반사되는 현상도 확인할 수 있었다.

내가 본 주요 문제점은 승강장 도어가 작은 충격에도 이탈을 한다는 점이었다. 승강기 사고의 대부분은 앞서 언급했듯이 승강장 도어 이탈로 인한 추락사인데 술 한 잔하고 친구들과 반갑다고 재미로, 또는 애들 장난으로, 또는 신경질이 나서 발로 차는 등 실생활에서 흔히 발생할 수 있는 작은 충격에도 승강장 도어가 이탈된다는 것이다. 이 부분에는 숨어 있는 진실이 하나 있다. 승강장 도어는 도어 아래 '도어 슈(Door Shoe)'라고 하는 일종의 도어 레일 삽입 가이드가 문 한쪽 양 끝단에 두 군데 존재하는데, 너무 빡빡하게 삽입을 해놓으면 먼지가 끼여 도어 운행에 문제가 생기고 반대로 너무 헐렁하게 삽입해놓으면 작은 충격에도 쉽게 이탈할 수 있는데 이에 대한 정확한 삽입 규정이 당시 국내에는 없다는 것이다.

본 사고를 조사하며 알게 된 놀라운 점은 국내 도어 슈 관련 삽입 규정은 '도어 슈는 레일에 적당히 묻혀 있을 것'이라는 것뿐이었다. 사실 이 문구는 규정이라기보다는 소설에서나 볼 수 있는 참 황당하고 추상적인 문구라는 생각이 들었다. 당시 한창 안전사고에 관심이 많았던 나는 이번 사고를 계기로 이 규정을 한 번 고쳐보기로 마음을 먹었다. 혼자서 뭘 하기엔 힘들겠지만 감정서에 이에 대한 부분을 참고자료 형식으로 한 번 올려보기로 했다.

조사를 해보니 안전 선진국의 경우는 정확히 운동에너지를 운운하며 어떤 에너지로 도어를 충격했을 때 빠지지 않을 것이라 규정되어 있었다. 결국 기술표준원에서도 이를 인지하여 내 의견도 들어본 후 규정 개정이 진행되었고 2008년에 해외 선진국과 같은 규정에 준하여 개정이 이루어진 것으로 알고 있다. 하지만 그 규정은 2008년 이후 생산되는 승강기에 적용되고 이전 설치된 승강기는 '도어에 기대지마시오' 등의 경고 문구만 붙이기로 정리가 된 것 같았다.

국내에는 2008년 이전 지어진 건물이 훨씬 많기 때문에 아직까지도 승강기 사고의 위험은 항상 내재되어 있는 상태라는 것을 이 글을 통해서도 일반인들이 인지하였으면 하는 바가 크다. 가끔씩 강의를 가서 법공학 강의를 시작하며 승강기 사고에 대한 부분을 경각심 있게 이야기 하곤 한다. 법공학은 이처럼 사고조사를 통해 인지되고 도출된 여러 가지 문제점을 수사에만 묶어 두지 말고 이를 피드백하여 예방 측면에서도 시스템의 안전을 개선시킬 기술을 또한 개발하는데 의의가 있다고 할 수 있다. 본 사고가 아마도 지금 법공학 전도사로서 살고 있는 나의 운명을 결정하게 했던 중요한 계기가 되었던 것이 아닌가 생각해본다.

잊지 못할 태안유조선 추돌 사고

2007년 12월. 국과수 안전사고 조사 및 감정 업무를 위해 임용된 지 1년 6개월쯤 지난 무렵. 이제 감정이라는 것이 무엇인지. 왜 중요한지 느낄 정도. 12월이라 다들 크리스마스와 연말 분위기에 들떠 한해가 조용히 지나가기를 기대하고 있는 시즌. 연구소 내에서는 인사 등으로 모시던 실장님이 타과 과장으로 가시고 원래 모시던 과장님이 분소장을 거쳐 다시 물리연구실로 올라오시는 시끄러운 분위기에. 연구소 리모델링 공사를 위해 물리연구실에서 나와 자료실에 연구소 원로 다섯 분을 혼자서 한꺼번에 모시고 있던 시절. 연구소 내는 온통 공사로 전 직원들이 소음과 먼지에 휩싸여 일을 제대로 하기에는 몹시 불편함을 토로하고 있는 상태였다.

원로 다섯 분을 모시고 있던 터라 혼자서 잡일을 도맡아서 해야 했기에 연말인데도 그리 즐겁지는 않았던 것으로 기억한다. 모시던 분들이 원로이신 점도 있지만 연구소 내에서도 특별하신 분들이라 뭘 하든 쉽지만은 않았다. 과장님이 공석인데다 실장님도 없는 상태에서 걸려온 한 통의 전화. 태안 해경이었다. 삼성 바지선이 유조선을 추돌하여 기름이 유출되고 난리가 났다고. 지금 와서 생각해보면 내가 임용되고 나서 벌어진 첫 번째 큰 사고. 물리연구실에서 거의 혼자 감정을 도맡아 해오던 터라 비록 연구소 경력이 얼마 되지 않았지만 웬만한 중견 연구사 이상의 일은 척척 해나가서 주위에서 그래도 일 좀 한다는 이야기를 듣고 있을 때였다. 하지만 기름 유출 사고는 해본 적이 없고 혼자서 감당하기에는 좀 무리가 있지 않나 생각했지만 생각뿐이었다.

맡아서 할 직원이 없으니 간부들도 오직 내가 어떻게 해주기를 바라는 눈치셨다. 일단 상세 이야기를 들어보니 예인선이 바지선을 끌고 가다 높은 파도와 나쁜 기상 상태에서 연결되어 있던 와이어로프가 끊어져 삼성 바지선이 주변 해상에 정박 중이던 사우디 유조선을 추돌했고 공학적 사고라 해경에서는 뭐부터 어떻게 수사를 할지 모르겠다는 이야기. 우선 와이어로프가 끊어져서 사고가 났으니 정확한 사고 정황은 살펴봐야겠지만 와이어로프 파단 원인이 중요해보였다.

해상 사고라 사고 현장을 한 눈에 볼 수 없기에 와이어로프를 수거하고 와이어로프 상태 및 정상품 사용 여부를 확인하는 게 우선일 듯해서 제조사와 사양서 등을 조사해서 받아 놓으라고 이야기한 후 출장 갈 준비를 해 일단 나서기로 했다. 그런데 그 뒤 걸려온 전화는 더 황당. 삼성 쪽에 물어보니 와이어로프 사양서는 없고 제품은 고려제강에서 생산된 품목이라는 말만 전해 들었다고 경찰분이 이야기했다. 직경이 얼마인가 물어보니 48mm. 내가 이제까지 본 와이어로프 중에서는 상상을 불허하는 크기의 직경이었다. 막말로 몇 명이 들고 움직여도 들기 힘든 무게와 부피. 안 봐도 어느 정도 상상이 갔다.

직경이 크다는 말은 일반 시험소에서는 시험이 불가하다는 이야기이고 다시 기관에 확인해 봐도 상황은 똑같았다. 어쨌든 고려제강에서 생산된 제품이니 제조사에는 이 거대한 와이어로프를 실험할 장비가 있을 것으로 판단하고 연락처를 물어 그 회사 품질팀 담당자에게 연락했다. 실험은 가능해 보였다. 단지 우리가 제조사로 실험을 하러 간다는 이야기가 전해 나가면 언론들이 따라 붙을 수 있으니 비밀리에 고려제강으로 향하기로 하고 새벽 4시경에 대전에서 경찰과 합류하기로 하고 머나먼 길을 나섰다.

내가 대전역에 도착했을 때 대전역 큰길에 해경 소속 트럭이 와이어로프로 보이는 물건을 잔뜩 실은 채 나를 기다리고 있었다. 잠시 식사를 하고 움직이기로 하고 근처 식당에서 식사를 하고 나왔는데 이 와중에도 불법주차를 피해 갈수는 없었나 보다. 그래도 해경이라고 적혀 있는 트럭인데 운전석 와이퍼에는 불법주차 스티커가 떡하니 우리를 기다리고 있었다. 나중에 해결하기로 하고 우리는 같이 차를 타고 고려제강이 있는 부산으로 향했다.

가면서 여러 가지 정황을 들어보기로 하고 담당 형사에게 질문을 했더니. 뭘 어찌해야할지 모른다는 이야기만 내내 들은 것 같았다. 우리가 이동하는 동안 삼성 측에 바지선 사양, 예인선 사양, 사고 당시 기상 상태, 운행 상태 등을 파악해보라고 태안에 설치된 수사본부에 이야기하고 사안이 급한 만큼 급히 달려 아침 일찍 부산에 도착했다. 상황이 상황이다 보니 작업하실 몇몇 분과 관계자분들이 나와 계셨다. 그렇게 힘들게 달려 왔건만 우리의 노력은 품질팀장님 말 한마디에 무너져 내렸다. “엥. 우리 제품 아닌데

예.” 이게 도대체 어찌된 일인가 삼성 측에서 분명히 고려제강 것이라 이야기했는데. 그날 알게 된 일이지만 와이어로프는 외부에서 보면 제조사를 표시할 수 있는 표식이 없기에 중심에 제조사를 알아볼 수 있는 특유의 색깔 천을 넣어 제조사를 구분한다고 한다. 고려제강의 제품 색깔은 노란색. 우리가 가지고 온 와이어로프의 천 색깔은 분명 빨강이었다. 그리고 파악된 제조사는 (주)도쿄로프의 일본산 제품이었다. 점점 황당해지기 시작했다.

일단 사양서가 필요할 것 같아 일본 제조사에 관련 내용을 요청하기로 했다. 선박 사고도 국제적 사고지만 제품까지도 일본산 제품이니. 그리고 또 그날 수사본부를 통해 들어 이야기는 더욱 황당. 나쁜 기상 상태인데도 불구하고 출항해도 좋다고 출항 승인을 해준 업체는 싱가포르 업체. 정리를 하자면 추돌한 바지선은 삼성, 추돌된 유조선은 사우디. 끊어진 와이어로프는 일본산. 출항 승인을 해준 업체는 싱가포르. 이런 국제적인 사건이 또 있을까. 즉 워낙 다국적이다 보니 자료를 받는대도 한참이 걸릴 것이며 국내 업체가 아니니 제대로 줄지도 의문이고. 설사 준다 해도 그 자료가 맞는지 검증할 방법도 없고. 정말 난감했다. 방법은 정신을 차리고 순차적으로 해결해나가는 수밖에 없었다. 수사본부에서는 내가 어찌할지 만을 기다리고 있었다.

다행히 해경의 경우는 해상 사고와 관련해 각국별로 언어가 유창한 경찰들이 특채로 들어와 계셨기 때문에 각 국별로 필요한 자료를 일러 주고 전화를 하던, 공문을 보내던 자료를 받으라고 요청해놓고 우린 고려제강 설득 작업에 들어갔다. 고려제강에서 이 물건 여기 내리지 말라고 하면 다시 싣고 돌아갈 수밖에 없는 상황이니. 담당자가 사고의 중요성을 인지하고 있었기에 협의는 잘 이루어졌고 다행히 고려제강에 로프를 내린 후 펼쳐보고 파단면 검사 등을 진행했다. 물론 수사가 진행 중인 상황이므로 도움을 주실 분들은 최소화한 후 나머지 분들은 폴리스라인을 치고 돌려보냈다. 전혀 관계없는 회사에 폴리스라인까지. 사고의 중요성을 알지 못한다면 절대 승인해줄 수 없었던 상황. 관련자 몇 분들의 도움으로 일단 와이어로프의 사양을 하나하나씩 검토해갔다.

파단면은 인장력에 의한 파단 형태와 다수의 굽힘력에 의한 파단형태가 주를 이루었으며 심하게 굽혀져 큰 반경을 가진 원주 형태로 파단이 진행되었다. 와이어로프는 인장 강도만을 규정으로 관리하기 때문에 심하고 급한 굽힘력이 작용하면 인장강도 이하에서도 파손이 일어나는 경우가 많다는 걸 알고 있었다. 파단부 마모 및 노후화 상태를 상세히 검토한 후, 인장시험을 해서 정격 규격 값이 나오는 지를 파악하기로 했다. 와이어로프는 인장시험 또한 쉽지 않았다. 지그에 물리려면 양쪽 끝 단부를 소켓팅 작업을 해야 해서 하루 이상은 작업이 필요한 상태였다.

우리는 어쩔 수 없이 소켓팅이 굳는 시간 동안은 어디 움직일 수가 없어서 부산에서 일단 하루를 더 묵기로 하고 작업하는 동안에는 수사본부와 지속적으로 연락해서 자료를 주고받았다. 새로 나온 수사 상황 등을 실시간으로 공유해가며 다음 해야 할 일들을 계획했다. 인장 시험은 잘 끝났고 다음은 예인 타당성 평가를 해야 할 시점. 도와주신 분들에게 감사의 인사 대신 '절대 이 사실은 누설하지 않겠습니다.'라는 그 분들의 서약서를 받아 들고 태안 수사본부로 향했다.

사고 당시 풍속은 12～16m/s, 파고 2～4m, 예인속도 4knot. 예인 타당성을 따져 봤을 때 항해가 가능한 상태는 아니었다. 그런데 왜 출항 승인을 해줬을까. 사고 당시 항적도를 보면 예인선이 바지선을 예인하는 것이 아니라 바지선이 먼저 서고 뒤로 예인선이 끌려가는 형태를 나타내었다. 즉 기상 상태가 무지 좋지 못했다는 이야기. 출항 시점에는 날씨가 나쁘지 않았다는 것만 전해 들었다. 나머지 부분은 수사에서 담당할 부분이라 깊이 관여하고 싶지 않았다. 일단 부선의 전저항력이 50～60ton정도 되므로 와이어로프 선정에는 문제가 없어 보였다.

연구소로 돌아와 급하게 와이어로프에 대한 감정서를 정리해서 보내고 그날 접수된 검찰 질의 내용을 살펴보았다. 예인선과 바지선을 거제도 삼성중공업에 끌어 놓았으니 와서 흔적을 통해 사고 재구성이 가능한지에 대한 내용이었다. 즉 결국 사고 조사를 다 해달라는 이야기와 같았다. 물론 다른 사고도 마찬가지지만 왜 와이어로프에 대한 감정만 하고 끝내나 싶기도 했다. 선박에 난 흔적을 통해 사고 당시 상황을 추정해보기 위해 이번엔 거제도로 향했다. 거제도행은 과장님으로 모시던 분소장님이 실장으로 오셔서 같이 움직이기로 했다. 하지만 마음은 좀 불편했다.

내려가서 일단 담당 검사를 만났고 수사에 대한 이야기도 좀 전해 들었다. 의외로 예인선박에는 사고 당시 상태를 유추해볼 수 있는 마찰흔 등이 많이 남아 있었고 스킨스쿠버 장비와 해저 카메라를 이용해 예인선 하부에 난 손상까지도 함께 들여다볼 수 있었다. 감정은 어느 정도 정리가 되어 2달 정도의 기간이 소요되었지만 다국적 사고라는 측면에서는 발 빠른 대응으로 잘 마무리되었다고 생각한다. 태안의 피해 상황이 무척 커 피해액이 천문학적 숫자에 가깝다는 언론 이야기도 전해지고 국가적 차원의 사고라 자국 보호를 위해 법적으로 여러 가지 검토가 들어간다는 이야기도 전해 들었다.

그 후 2개월 정도가 지났을 때 서산 법원에서 단독으로 이 사건에 대한 공판이 열렸다. 주요 사건의 공판인 만큼 언론사에서도 취재 열기가 대단했다. 대형 사고와 관련된 공판에는 처음 증인으로 출석해본 터라 이제까지 보지 못한 경험을 많이 봤던 것 같다. 일단 공판장 입구부터 언론이 가로 막고 있어 판사들이 다니는 뒷길로 들어갔고 그리고 시작된 6시간 장시간의 단독 증언. 프리젠테이션까지 동원해 강의장을 방불케 하는 변호사 변호. 동원된 정교한 모형. 다국적 사고이다 보니 한쪽에는 사우디 언어, 한쪽에는 일본어, 한쪽에는 대단하리만큼 쟁쟁한 국내 최고의 로펌 변호사. 아마도 국내외에서 한다고 하는 변호사 분들은 그 자리에서 다 뵌 것 같았다.

6시간의 증언을 마친 후 돌아오는 길은 왠지 씁쓸했다. 적절한 피해보상을 요구하는 어민들의 한숨과 플랜카드 등이 갑자기 떠올랐다. 시간이 한참 지난 후 형사 판결이 끝나 56억이라는 배상 책임이 떨어졌다는 이야기만 들었다. 지금도 태안에 가서 모래를 파면 그때의 좋지 않은 기억을 되살릴 피해 흔적이 나온다는데. 해상 사고는 발생하기만 하면 물적, 인적 피해가 너무 크므로 사고 보상 책임을 떠나서 재난 측면에서 이에 대한 사전 예방이 반드시 필요할 것으로 생각해본다.

초콜릿에 담긴 가슴 아픈 가스 폭발

태안 유조선 추돌 사고가 발생한지 며칠 지나지 않아 2008년을 맞이하기 위해 이틀 정도가 남아 있던 2007년 12월 29일 저녁. 제주시 한 아파트에서 가스 누설로 추정되는 폭발 사고가 발생했다.

아마도 임용 후 현장 조사를 위해 처음 간 제주도 출장이라 기억한다. 제주도의 경우는 서울, 경기 지역과는 달리 폭발 사고 발생이 드물고 좁은 동네라 이런 유형의 사고가 발생하면 지역 사회 충격은 매우 크다고 이야기를 전해 들었다. 더구나 일반 가족 단위의 거주자가 많이 살고 가족들이 함께 모여 있던 저녁에 폭발로 인해 아파트가 붕괴될 정도의 위력이 컸던 사고였기에 지역 언론에서는 매우 심각하게 다루어지는 사건이었다.

폭발 현장은 7층 아파트 건물로 정확하지는 않으나 건축된 지 오래되어 이 사고로 인해 이후 철거 작업이 진행된 것으로 알고 있다. 현장 도착 후 외부에서 살펴본 거시적 폭발 형태는 7층 701호에서 폭발이 발생하고 이에 종속하여 인접한 가옥 및 주변 아파트에 전파된 형태였다. 7층 엘리베이터 승강장 출입문이 폭압으로 인해 내측으로 밀려들어 갔고 그 외 1~6층 출입문은 내측에서 외측 방향으로 변형되었는데 이 상태 정도만 보아도 폭심은 대충 파악할 수 있는 상황이었다.

현장 조사 초기에 상당히 마음 아픈 이야기를 경찰 측으로부터 전해 들었다. 폭심으로 판단되는 701호 맞은편 702호의 파손형상은 701호의 폭발에 종속하여 출입문이 내측 방향으로 파손되고 전면 발코니 및 후면 발코니 문틀 등이 외측 방향으로 파손된 형상이었다. 그런데 702호에는 두 살 배기 아기를 가진 신혼부부가 살고 있었다고 한다. 사고 당시 둘째를 임신 중이던 부인이 초콜릿이 먹고 싶다고 남편에게 이야기했고 초콜릿을 사서 출입구에 들어오던 시점에 폭발이 발생해서 남편이 701호 출입문에 충돌하여 사망한 것이었다.

현장 조사 당시 망자 부인께서 "내가 초콜릿만 사달라고 하지 않았어도 이런 일은 없었을 건데. 내가 죽인거야" 하시며 통곡하는 모습을 보니 당시 비슷한 또래의 아기가 있던 나에겐 너무나 가슴 아픈 충격적인 이야기였다. 사실 702호 출입문을 닫고 들어간 이후 시점에서 폭발이 발생하였다면 생명은 건질 수 있던 상황이라 더욱 마음 아프게 느껴졌다. 폭발이 발생한 701호 내부의 구조는 출입문 내부에 거실, 좌측에 화장실, 주방 및 작은방, 전면에 안방이 위치한 구조로서, 701호 내부의 파손형상은 주방 부분을 중심으로 발생한 폭발에 의해 출입문 벽체, 전면 발코니 창틀 및 벽체, 화장실 벽체, 작은방 벽체, 후면 발코니 출입문 벽체, 후면 발코니 창틀이 외측 방향으로 파손 및 변형된 상태였다.

701호의 가스 배관은 건물 후면 지하층에 설치된 가스용기 저장고에 보관된 LP 가스용기에서 벽체를 따라 금속 배관으로 연결되어 있고 후면 발코니 좌측 부분에서 가스호스로 교체되어 주방 측으로 배선된 구조였는데 특이한 점은 701호 내부 가스호스 배관 중후면 발코니에 배선된 가스호스에서 절단흔적이 식별된다는 것이었다. 말싸움과 몸싸움 과정에서 격분하여 가스 호스를 절단한 후 폭발을 강제적으로 일으키는 사고가 있다는 것을 들어본 적이 있던 터라 예사롭지 않은 특이점이라 생각했다. 하지만 폭발로 인해 비산되는 날카로운 콘크리트 파편 등에 의해서도 본 형태를 나타낼 수 있기에 쉽게 공구 등에 의한 절단으로 속단은 하지 않은 상황이었고 정밀 검사를 위해 수거가 이루어졌다.

연소 형상, 수열 상태, 벽체 손상 형태 등으로 보아 주방을 폭발의 중심으로 지목했고 주방 바닥의 소락 잔해를 발굴해보니 주방에 인접한 발코니 바닥 부분에서 라이터 및 칼 2점이 발견되었다. 절단된 가스 호스, 점화원, 용의 공구로 추정되는 절단공구. 우리에겐 모두가 의미 있는 하나하나의 중요한 증거물이었다. 아파트 지하에는 가스용기 저장고가 위치해있었고 보관된 8점의 LP 가스용기 중 4점은 빈 상태였으며 나머지 4점은 가스가 남아 있는 상태로, 용기 표면에서 결로 현상이 확인되었다. 용기 표면에서 식별되는 결로 현상은 짧은 시간에 다량의 가스 공급이 있을 시 관찰되는 현상으로 결로 현상이 식별된다는 것은 가스 누설로 인한 폭발 가능성을 더욱 뒷받침해줬다.

현장 조사에서 사고와 밀접히 관련된 발굴물을 감정물로 수거해왔고 현장 상황에 대해 어느 정도 감을 잡은 후 절단된 호스에 대한 정밀 감정이 연구소 복귀 후 시작되었다. 가스 호스를 누가 임의로 절단한 것인지, 아니면 비산 파편으로 절단된 것인지는 본 사고의 책임을 결정하는데 매우 중요한 부분으로 그에 따라 확연히 사고 원인은 달라지기 때문에 더욱 흔적 감정에 노력을 기했다. 결국, 절단된 호수는 예리한 날 공구로 반복적인 시도에 의해 호스 외측에서 절단된 것으로 판단하였고 수거된 용의 공구도 가능성이 있음을 짐작하였다.

한 사람의 잘못된 판단이 신혼부부의 단꿈을 빼앗아갔다. 다시 한 번 가스 폭발 사고의 심각성을 생각하며 본 사고 사례를 통해 순간의 감정에 앞선 한사람의 행동이 얼마나 큰 피해와 다른 이의 인생에 큰 파장을 일으킬 수 있는지를 되새겼으면 하는 바람이다.

짜릿한 번지점프와 맞바꾼 생

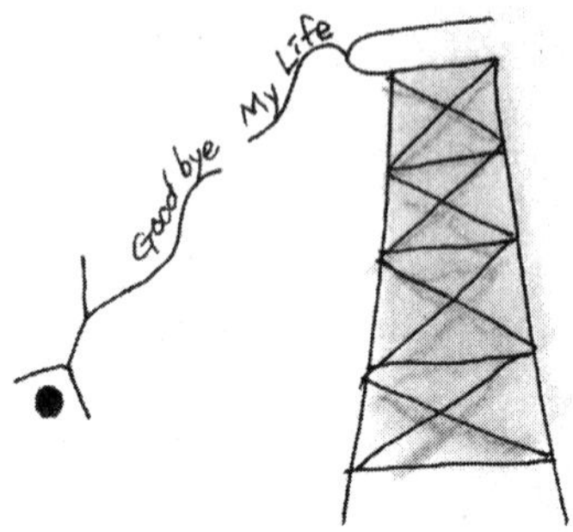

요즘 레저 문화가 확산되고 관련 산업이 발달하면서 연인 혹은 가족 단위로 주말이나 여가 시간을 이용해서 여러 종류의 레저를 즐기는 경우가 늘어나고 있다. 그 중 연인들에게 가장 인기 있는 종목은 아마도 번지 점프가 아닐까 생각한다. 연애 한 번 해 본 사람치고 번지 점프를 경험해보지 않은 사람은 별로 없을 듯하다. 연애가 깊어지면 남자는 자신의 강인성을 여자에게 보여주고 싶어지기에 아마도 번지점프를 많이 택하는 이유인 듯하다. 하지만 난 국과수에서 안전사고를 담당하면서 번지점프는 돈을 주어도 하지 말아야할 것으로 꼽는다. 그 이유는 추락 사망 사고를 조사하면서 그 내면에 숨겨져 있는 위험성에 놀라게 되면서부터였다.

초빙 강연 시에도 항상 법공학의 정착과 역할을 이야기하면서 번지점프 이야기를 꼭 서두에 꺼내곤 한다. 그리고 항상 하는 말 실연을 당했다 싶으면 번지점프를 하라고 농담처럼 이야기하곤 한다.

2008년 8월 나주에 있는 S리조트 내 번지점프 장에서 한 명이 번지점프를 하다 번지점프 로프, 전문적인 용어로 번지코드가 끊어지면서 지상에 추락하여 사망한 사고가 발생했다. 아마도 지상이 아닌 바다나 강에 떨어졌다면 생명은 구했을지도 모른다. 끊어진 번지 코드는 제시 당시부터 눈으로 봐도 많이 노후화 되어 있었고 파열부가 아니라도 소선들이 군데군데 끊어진 형태가 식별될 정도였다. 문제는 번지점프의 경우는 당시 국내 법규에는 건설기계나 건축물이 아니고 기계공작물로 등록이 되어 있기 때문에 안전 승인이나 안전 점검이 필요 없는 시설이라는 점이다.

해외 사례를 살펴보면 해외 선진국의 경우는 유희시설로 분류가 되어 매 정기 점검이 이루어지고 번지 코드의 재질이 생고무임을 감안하여 6개월을 주기로 교체를 하여 사용하게 되어 있지만 국내의 경우는 규정이 없어 10~15년까지도 그대로 사용하고 있는 게 우리의 현실이다. 하지만 일반인들이 이를 아는 경우는 극히 드물다. '사고가 발생했을 때 책임은 나에게 있습니다.'라는 말도 안 되는 서약서 한 장을 쓰고 마구 뛰어내리지 않는가.

규정이 없기 때문에 사고가 발생해도 업주에게 책임을 물을 수 없고 피해자의 경우도 규정이 없으니 보상도 쉽게 받지 못하는 어처구니없는 일이 되풀이 되고 있다. 즉 돈을 주고 위험성을 잠재한 채 위에서 아래를 보고 잠시의 희열과 통쾌감을 느끼기 위해 뛰어 내린다. 안타까운 일이 아닐 수 없다.

내가 법공학을 하고 안전연구실을 만들어야겠다고 생각하게 된 계기도 이 사건을 맡게 될 때부터가 아닌가 싶다. 법공학은 사고조사에 관한 기술 외에도 사고가 발생했을 때 이를 예방하기 위한 기술, 규정의 재개정 활동 등도 포함되어 있기에 법공학이 제대로 정착되어야 정확하고 신속한 사고조사를 통한 예방 활동이 적극적으로 반영되어 우리 사회가 안심사회, 안전사회, 복지사회로 가는 지름길이 아닌가 생각하며 스스로 법공학 전도사를 자청한 채 이를 전파하고 다니기 시작했다.

재난 및 안전사고 조사와 예방을 위해 재난 및 안전관리기본법과 시행령이 전면 개정되어 여러 부처들로 흩어져 있는 안전 규정 등을 통합하고 다시 재분류하는 업무를 하는데 작은 힘이지만 지금 보태고 있는 중이다. 하지만 언론이나 기관장들은 재난에 준하는 큰 사고에만 관심이 있어 대대적인 수술을 하려고 하지 실제 실생활에서 벌어지고 있는 번지점프 추락사고와 같은 작은 사고에는 관심을 갖지 않는 게 현실이다.

실제 실생활과 관련된 안전 규정부터 차근차근 고쳐 나가며 예방을 위해 어떤 일을 해야 할지 생각하다 보면 안전사회를 실현하는데 훨씬 수월할지 모른다. GDP가 2만 5천 불 이상이 되면 그때부터 안전을 생각한다고 한다. 그 전에는 먹고 사는데 치중하다 보니 안전은 사치스러운 것이라 생각한다. 우리나라도 이제 안전을 생각할 시기가 되었다. 국정 과제에 안전이 화두가 될 정도로 모두가 안전. 안전. 외친다. 하지만 실제 안을 들여다보면 빛 좋은 개살구가 아닌가 싶다.

지금부터라도 우리나라가 선진국 대열에 합류하기 위해서는 우선 내 가족, 내 친구, 내 동료와 먼저 관련이 있는 실생활 위주의 안전 정책이 필요하지 않나 다시 한 번 생각해본다.

브래지어와 촛불 집회

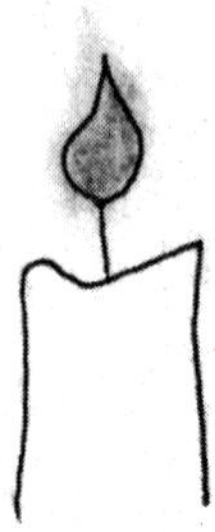

2008년 여름. 국내 사회는 한창 수입된 미국산 소고기에 뼛조각이 발견되면서 한미 FTA 재협상을 외치며 서울 광화문을 중심으로 촛불집회가 한창인 시기였다. 장마도 끝나지 않아 습도까지 높아 불쾌지수까지 끌어올린 상태. 그날 일을 마무리하고 퇴근을 준비하고 있던 차에 경찰청에서 긴급 감정이 접수되었다. 내가 속해 있던 물리연구실 업무는 현장 조사를 긴급히 요구하는 경우는 많으나 긴급 감정 형태로 접수되는 감정물은 잦은 경우가 아니라서 무슨 사건인지 의문이 갔다.

들어온 감정물은 다름 아닌 브래지어 5개. 감정 의뢰 사항은 이 브래지어로 자살이 가능한지 여부였다. 물리연구실에 있으면서 물리학적, 공학적 감정을 하다 보니 미술품 진품, 기술의 동일 여부 등 여러 가지 다양한 제품과 의뢰사항으로 감정을 많이 해왔지만 이번에 의뢰된 감정물과 감정 의뢰 사항은 좀 황당한 건 사실이었다. 일단 사건 개요를 파악하기 위해 경찰청에 근무하는 담당 형사와 통화를 했고 내용인 즉 경찰청에서 촛불 집회에서 연행된 여성에 대해 구치소 입소 전 자살 위험 등을 이유로 브래지어 탈의를 지시했는데 정치권 및 시민들이 반인권적 작태라며 당시 경찰청장과 대통령 퇴진을 요구하고 있던 상황.

일부 언론에서는 "전두환 시대에나 있을 일로 군사독재의 망령이 부활하고 있다", 또 다른 언론에서 "촛불 시민 속옷까지 벗긴 한국 순사들"이랑 임팩트 높은 제목으로 이를 비중 있게 보도하고 있었다. 경찰청에서는 예상치 못한 반응에 어떻게든 이를 수습하는 게 중요해보였다. 브래지어로 자살이 가능하지 않으면 매우 난처한 상황이기도 했다. 감정물은 실제 탈의된 브래지어는 아니고 시중에서 나름대로 종류를 정의해서 종류별로 브랜드별로 시중 제품을 사서 가져왔다고 이야기를 들었다.

브래지어를 해 본 일이 없어서 일단 브래지어의 구조를 파악하는 게 중요했다. 뭐라 표현해야 될지 모르겠지만 가슴하단을 잡아주는 부분에 철사가 삽입된 게 있는 듯 했고, 천의 재질도 내가 섬유 전문가가 아니라서 정확히는 모르지만 조금씩 달랐던 것으로 기억한다. 자살이 가능한지의 여부는 법의관의 소견이 매우 필요시 되는 부분이라 제품에 대한 가능성은 내가 검토를 하고 자살 자체에 대한 부분은 법의관이 담당하기로 했다. 담당 법의관과 둘이 앉아서 이를 어찌해야 할지 일단 의논을 했다.

브래지어로 자살이 가능한 형태가 무엇이 있는지에 대해 관련 논문과 관련 기사 등을 통해 국내 및 해외 사례를 수집하기 시작했다. 가능한 형태는 추정했던 대로 교사. 즉 목을 매 죽는 것. 그럼 이 브래지어 길이로 교사가 가능한지를 봐야 되는데 우리가 보기엔 두 줄을 만드는 것은 불가능해보였고 한 줄을 이용해서는 가능해보였다. 사례에서도 한 줄을 이용하여 목을 매 자살한 경우가 여럿 보였다.

그 다음은 내 몫이었다. 브래지어를 이용한 자살의 형태는 나왔는데 실제 브래지어가 사람 체중을 견딜 수 있는지의 여부. 즉, 전문적인 용어로 인장력. 인장력을 측정해서 사람 몸무게 이상 나오면 사람 체중을 제품이 견딜 수 있는 상황이라 단정할 수 있기에 교사에 있어서는 사건 가능 여부를 판단하는 중요한 데이터라 할 수 있다. 사건 현장에는 타살을 자살로 위장하는 경우가 많아 끈 및 밧줄 등이 사람의 체중을 견딜 수 있는지에 관한 감정은 한 달에 한 번 정도는 주기적으로 의뢰되던 상태였다. 다만 일반끈 및 밧줄과는 달리 브래지어는 형태가 일정하지 않아 이를 어떻게 지그에 물려 측정할지에 관해서는 많은 고심이 필요했다.

사용하는 장비는 인장강도시험기. 기계공학에서는 UTM이라고 부르는 장비인데 공학자들은 이를 기계 재료의 물성 특성 측정을 위해 시편을 제작 후 인장 시험용으로 주로 사용하지만 국과수의 경우는 목맨 끈의 강도를 측정하기에 주로 이 시험기를 사용한다고 가끔 술자리에서 이야기하면 상대방의 반응은 신기해하면서도 웃음을 자아내기도 했다. 아마도 기억을 다 못하겠지만 유명 연예인 중 교사로 숨진 망자들이 자살의 도구로 사용했던 끈의 대부분이 여기 이 장비로 실험이 이루어졌대도 과언은 아니다. 지그를 별도 제작할 시간적 여유는 없어서 호칭, 품번, 재질, 가슴둘레, 밑가슴 둘레, 컵와이어 유무 등을 기입한 후 어렵게 지그에 물려 시험을 진행했다.

이 실험을 통해 브래지어 제품에 관해 한 가지는 분명해졌다.

아마도 이런 시험을 진행해본 선례가 없던 터라 꽤나 의미 있는 데이터라고 생각했다. 브래지어의 강도는 천차만별이라는 것을. 가격이 어떤 것이 더 비싼지, 어떤 브래지어가 더 착용성이 좋은지는 모르겠지만 강도는 평균값을 이야기해줄 수 없을 정도로 제품별로 큰 차이를 나타냈다.

감정 결과에 인장강도의 편차가 큼을 표현했고, 매듭의 형태에 따라서도 강도상 큰 차이를 보일 수 있다고 논단해서 그날 밤늦게 일을 마무리했다. 경찰청에서는 한숨 돌리는 듯했다. 실제 브래지어를 이용해서 사고가 발생했다면 오히려 경찰 측을 비난하던 언론은 욕했을지도 모른다. 2010년이 넘어가면서 우리나라도 이제는 공권력보다 인권이 중요시 되는 시대를 살아가고 있다. 개인적으로 장단점이 있다고 사료되나 어느 한쪽이 앞서는 경우 여러 가지 문제점이 발생하는 것 같다.

일례로 예전 총기연구실에 근무할 때 은행에 총기사고가 접수되어 오후 늦게 현장 조사를 나간 적이 있는데 당시 총기 발사각도 등을 추정하기 위해서는 셔터문을 내려야 되는 상황이었고 정밀 감정을 위해 이를 은행 측에 요청 드렸으나 영업에 방해가 된다고 사람 없을 때 주말에 나와서 조사하라는 문전박대하는 이야기만 전해 들었을 뿐이었다. 물론 은행 영업에 방해를 주는 행동은 삼가야겠지만 우리 입장에선 오후 늦게 누구를 위해 여기 나와 있는데 하는 생각이 들었다. 아무리 영업이 중요하고 인권 또한 매우 중요하다는 건 나도 깨닫고 있는 사실이다. 인권 침해에 대한 여러 가지 국가기관의 행태도 있는 것으로 일부 알고 있다.

하지만 공권력이 바로 서지 못한다면 다른 그 누군가가 피해를 볼 수도 있고 사건을 파헤치는 시간이 지연되면서 용의자는 또 다른 사건을 계획하고 있을지 모른다. 공권력과 인권이 대등하게 평행선을 이어갈 때 가장 합리적인 이상사회가 되어가는 것이 아닌가하고 이번 사건을 통해 생각해본다.

붕괴사고와 신도시

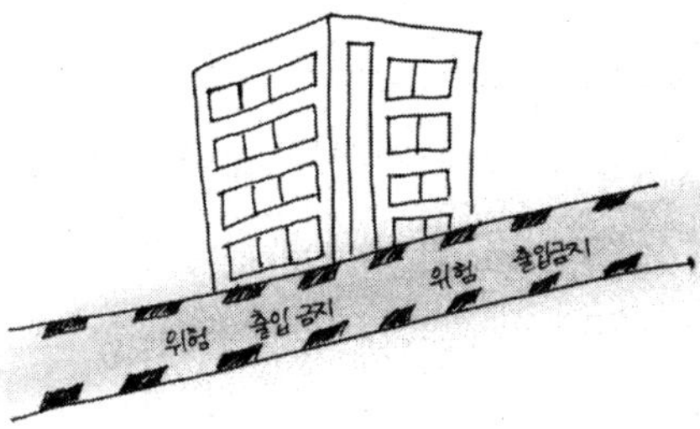

2009년 2월 15일. 토요일 아침 9시경. 금요일까지 고된 몸을 이끌고 한 주를 보낸 터라 조금은 늦게까지 잠자는 여유를 누리며 뒤척이고 있을 무렵. 아침부터 다급한 목소리로 안전팀 팀장님의 전화가 울렸다 . "김박사. 토요일인데 나올 수 있나?" 질문을 던지셨지만 나오라는 말씀이셨다. 무슨 일인가 해서 뉴스를 틀어 보니 분당 판교 신도시에 신축 중이던 S연구소 공사장이 지반이 붕괴되어 작업 중이던 작업자 3명이 사망하고, 7명이 부상을 입은 사건에 대한 속보가 뜨고 있었다.

당시에는 분당을 천당이라 불렀고 판교 신도시를 제2의 분당이라 부를 정도로 신도시가 건설되어 많은 아파트와 많은 기업의 연구소 등이 신축을 강행하고 있던 시기였다. 당시 안전팀 인원은 팀장님과 나. 둘 뿐이었고 팀장님께서는 물리, 난 기계를 전공한터라 토목, 건설과 관련된 전문적인 조사에는 한계가 있다고 생각했다. 하지만 국과수 안전팀 홍보 및 발전을 위해 안전사고 현장이면 일단 긴급히 대응해주는 방향으로 이공학부 전체 분위기가 조성되어 있었다. 팀장님께서는 성격이 급하신 분이라 벌써 출발하시면서 전화를 하신 듯했고 당시 집이 연구소 근처라 연구소에 가서 급히 차량을 빼서 판교로 향했다.

날씨는 무척 추웠던 것으로 기억한다. 도착했을 때는 언론사와 구경꾼 등을 포함해 너무도 많은 인원이 붕괴 현장 주변을 둘러서 진을 치고 있었다. 워낙 공사장이 넓어 경찰 측에서도 폴리스라인을 친다는 것도 무리가 있어 보였다. 의경들이 총 출동해서 일부 담을 쌓고 있었지만 그들을 막기에는 역부족해 보였다. 국과수 직원임을 밝히고 일단 현장에서 경찰 측 관계자와 팀장님을 만나기 위해 현장 가까이 진입했다. 팀장님이 그날 하필이면 전화를 가지고 오시지 않아 아마도 팀장님과 경찰 측 관계자를 만나는 데에도 시간이 꽤나 걸렸다. 어쨌든 수사본부를 구성하고 대책회의를 진행했다.

공사 현장소장을 불러 상황 설명을 들었지만 토목과 건설에서 쓰는 용어가 익숙지 않아 전체를 이해하는 데는 어려움이 있었다. 붕괴 형태를 보니 옹벽이 무너져 옹벽에 걸쳐 있던 작업용 복공 시설물이 함께 붕괴되어 인명 피해가 컸던 것 같았다. 당시 공사장은 지하 기초를 구성하고 있던 터라 모든 붕괴 구간 구조물이 지상에서 20m 지하에 비산되거나 매몰된 상태였다. 개략적 옹벽 구조를 살펴보니 앙카볼트를 이용해 빔을 지지하는 것으로 보였고 우선 앙카볼트 작업 내용과 규정을 한 번 살펴봐야겠다는 생각을 하며 지하 20m로 내려갔다. 사실 겁이 많이 났다. 붕괴 구간이 추가 붕괴의 위험성이 있는 대다가 내려가는 계단도 가건물로 건설된 터라 믿지 못하는 상태였고 더욱이 지하 20m를 내려가야 된다니 뉴스를 보고 있을 아내와 아이들이 생각났다. 다시는 위험한 곳, 위험한 일하지 않기로 약속했는데 어쩔 수 없이 또 내려가게 되는구나하는 생각을 하며 붕괴 구조물이 있는 지하 웅덩이로 향했다.

사실 공사장이 너무 넓어 내려가도 특이점들이 한 번에 눈에 들어오지 않았다. 복공 시설물이 비산되어 흩어져있고 그 위에 설치되었던 컨테이너 박스 4개가 붕괴로 인해 변형되거나 파손된 상태였다. 한 시간 정도를 붕괴 구간을 뚫어져라 쳐다보고 있으니 특이점이 눈에 들어 왔다. 날씨는 추웠으나 비는 오지 않았는데 붕괴 구간의 흙에 물기가 많고 물이 고인 형태가 여러 군데 식별되었다. 어쨌든 이 복공 시설물을 지지하고 있던 것은 앙카볼트 이었기에 그쪽에 포인트를 두고 집중적으로 살펴본 후 관련 자료를 수집하고 돌아가야겠다고 생각하고 있던 찰라 몇 개의 의문점이 수사 진술 등을 통해 들려 왔다. 붕괴가 일어난 구간 바로 옆에는 S물산에서 도로를 건설하고 있었고 진동이 상당히 심했다는 점, 순간 이 사건은 좀 복잡한 사건이 되겠구나하는 짐작이 느껴졌다.

연구소 건설은 S건설이 맡고 최인접도로 공사는 S물산에서 맡고 있던 상태에서 붕괴 사고가 발생했으니 명확한 증거를 제시하지 못하면 대기업 법무팀과 또 법원에서 치열한 법리 논쟁을 할 지경이었다. 붕괴 구간 옹벽 주변으로 시선을 돌리고 지금까지 파악된 내용을 가지고 좀 더 상세하게 측면을 살펴보았다. 사실 높이 20m 옹벽을 사람 눈으로 관찰하는 데는 한계가 있었다.

당시에는 국과수 안전 분야는 안전모는 제외하고라도 제대로 된 장비조차 갖추고 있지 못한 터라 우리의 목표는 이러한 한계를 극복하고 정확한 원인 분석을 해내는 것. 드디어 도로 주변 옹벽 최상부에 특이점이 눈에 들어왔다. 배관으로 보이는 곳에서 물이 흘러나오고 있었다. 처음에는 붕괴 후 그럴 수 있겠다 아무 생각 없이 봤는데 배관에서 누설되는 물로 인해 흙이 무거워져 그 중량을 견디지 못해 옹벽이 무너졌을 가능성이 있을 것 같은 생각이 들었다. 물어보니 그 배관은 소화전으로 연결되는 물 배관. 일단 앙카볼트 설치 구간 및 개수 등이 나와 있는 설계 도면과 소화전 배관을 확보해서 국과수로 보내달라고 하고 다음날 다시 현장을 찾았다.

앙카볼트는 개수 등은 차이가 없어 보였고 다만 박는 앙카볼트 형태 및 삽입 깊이 등은 토양 지질에 따라 이를 달리한다는 점을 기준 등을 살펴보고 다시 현장을 찾았던 터라 우선 앙카볼트 개수가 맞는다면 지질 등에 맞게 앙카볼트 등이 제대로 삽입 작업이 되었는가를 따져봐야 했다. 하지만 이를 분석하기 위해서는 지질 상태를 파악할 수 있어야 되는데 당시 국과수 내에서 토양 지질 분석을 하는 실험실이 없었다. 일단 시료 채취만 과수팀 요원과 행한 후 토목 관련 시험원으로 의뢰를 보냈다.

다음은 확보된 소화전 배관 분석이었는데 이는 간단할 수 있지 않을까하는 생각이 들었다. 가스 누설로 인한 폭발 사고를 많이 본 경험이 있는 터라 동일한 방법으로 소화전 배관이 사고 이전 물 누설이 있었는가, 붕괴 후 물 누설이 있었는가는 유량계 등을 살펴 소비된 양을 사고 전후로 비교해보면 알 수 있는 상황이라 생각했다. 하지만 이 역시도 나의 예상을 빗나갔다. 사고 조사는 뭘 해도 모든 일이 케이스 바이 케이스이기에 동일한 경우를 적용하기에는 어려움이 있는 것 같다.

본 사건을 통해 알게 된 지식이지만 소화전의 경우는 국가 기반 시설이라 상수도 등에서 물을 직접 연결해서 사용하기 때문에 유량계를 별도로 설치하지 않는다는 것. 당연한 이야기였다. 일반 집에서 사용하는 상수도도 아니고 소화전에서 물을 빼내는 경우는 아주 드문 경우인데. 더욱이 그것도 공적 목적으로 쓰는 배관에 유량계를 설치한다는 건 듣고 나니 상식적으로 나도 이해가 가지 않는 부분이었다. 원인 규명의 사활은 배관 파단면을 정밀 분석해 사고 전후 누설 여부를 판단하는데 맞춰 있었다. 저명한 손상분석 전문가 분들과 여러 가지 공학적 장비 및 검사를 통해 얻어진 결론에 우리 감정은 힘을 얻었다. 사고 전에 이미 용접부에 균열이 생성되어 있었다는 것. 이제는 지금까지 현장 조사한 내용이 아귀가 맞춰지는 듯했다.

현장 조사 당시 물기를 많이 머금고 있던 토양. 이로 인한 중량 증가. 그리고 마지막 밝혀진 앙카볼트 작업 불량. 이 모두가 물 흘러가듯 정리가 되었고 감정서를 어느 정도 자신감을 갖고 작성 후 발송했다. 하지만 역시 큰 사고의 경우는 그게 끝이 아닌가보다. 사전 균열이 있었고 이로 인해 사고가 난 것은 두 회사가 일부 인정하는 부분이었으나 문제는 건축되어지는 S연구소의 공사 영향으로 균열이 발생한 것인지, 아니면 S물산의 도로 공사로 진동에 의해 균열이 발생한 것인지가 추후 문제로 제기되었다.

이 문제가 왜 중요한지는 그도 그럴 것이 이에 따라 과실에 대한 형사 책임 뿐만 아니라 불법행위에 따른 민사적 책임까지 져야 되고 더구나 국내 굴지의 회사인 만큼 그 이미지에도 타격이 크기 때문에 보통 문제가 아니었다. 일단 이에 대해서는 여러 검토 후 사고원인에 대한 정확한 감정이 어려운 것으로 판단하여 감정 불능으로 결과를 통보하는 정도에서 사건을 마무리하기로 했다. 이 문제의 판단은 공학적으로 불가능하다고 느껴졌기 때문에 오직 법리적 검토만이 이를 판단할 수 있지 않을까하는 생각이었다.

지금은 붕괴 사고가 난 연구소가 제대로 건립이 되어 운용되고 있을 것이라 사료된다. 많은 분들의 희생 위에 지어진 건물인 만큼 한 기업의 건물이 아니라 우리나라를 선도해 나갈 수 있는 훌륭한 기술과 성과를 낼 수 있는 연구소가 되길 바라며 이 사건의 기억을 떠올려 본다.

스포츠 센터와 보일러 폭발사고

목욕탕과 스포츠 센터 등의 건물은 폭발의 위험성을 항상 가지고 있다. 다들 폭발하면 가스 등이 누설되어 일어나는 가연성 폭발 등을 생각하지만 여기서 언급하고 있는 건물에 대한 폭발의 위험성이란 보일러라는 위험인자를 언급하는 것이다. 목욕탕과 스포츠 센터 등에서는 증기 공급 및 난방 등을 위해 흔히 거꾸로 타는 보일러, s라인 콘덴싱 보일러 등 일반 가정용에서 사용하는 가스 보일러와는 달리 큰 용량의 물을 데워 증기화해서 공급해야함으로 앞에 가스버너 등이 부착되어 있고 노통 측면에 연관 등이 부착되어 효율을 높이는 큰 용량의 노통식 연관 보일러 등을 기계실 등에 설치해서 사용하고 있다.

중요한 건 노통식 연관 보일러의 경우는 자동 생산이 불가해 모든 작업이 용접 작업으로 인해 제작되므로 이로 인해 많은 용접부를 가지고 있고 더불어 내부에 고온의 물과 증기, 그리고 높은 압력 등이 존재함으로 매우 위험한 제품이라는 인식이 내 머릿속에는 자리 잡고 있다.

하지만 일반인들은 그 위험성에 대해 그리 심각하게 생각하는 사람은 드물다. 그 이유는 우리나라 규정에 노통 보일러 등은 직접적으로 가스를 열매로 사용하는 제품이 아니므로 가스 관련 안전기관이 아닌 기계 및 에너지 설비를 취급하는 관련 공단 등에서 관리가 이루어지는데 용접부가 많은 상태에서 운행 중 전문용어로 고온피로 등을 유발할 수 있는 조건이 항상 존재하지만 설치 후 용접부에 대한 상세 정기점검 항목 및 방법 등이 규정화되어 있지 않아 누설이 발생하는 곳을 육안으로만 식별하여 흔히 일시적으로 때워 사용하고 있는 실정이기 때문이다.

2009년 2월 발생한 서울 성북구 종암동 개운산 스포츠센터 폭발사고는 보일러 폭발 사고의 심각성을 보여주는 최적의 예시라 할 수 있다. 사고 이전 보일러 연관 교체 작업이 이루어졌고 사고 당일 연관 및 세관공사 검사를 마치고 시운전 완료 후 정상 가동 중에 보일러가 폭발하여 2명이 사망하고 10명이 부상을 입었다.

보일러 폭발 사고는 대부분 증기 폭발 사고 형태로 흔히 가스 폭발에서 나타나는 화염과 연소 형태가 전혀 식별되지 않는 오직 압력의 방출과 상(狀)변화로 인한 체적 팽창 등으로 인해 발생되는 폭발로 스포츠 센터의 경우는 구획이 많이 나누어져 있기 때문에 가로 막힌 벽체를 통해 폭원에서 발생된 압력이 방출됨으로 인해 2차적으로 벽체 붕괴 등으로 인한 큰 인명 피해를 가져올 수 있다.

사고 연락을 받고 출동한 스포츠 센터의 모습은 처참했다. 보일러가 있는 지하 기계실에 접근하기조차 힘든 상황이었다. 순간적인 벽체 파손으로 인해 복도를 지나가던 센터 이용객 1명과 요가실에서 요가를 즐기던 이용객 1명이 사망했다는 이야기를 전해 들었다. 폭발이 발생한 보일러는 폭발로 인해 90도 전도된 상태였고 기계실 내 모든 배전반과 구조물이 손상되고 변형된 상태였다. 스포츠 센터 내에서 폭발이 발생하였기에 언론 통제가 쉬워 현장 감식 작업을 하기에는 다른 현장보다는 훨씬 수월해 보였다.

배수펌프, 압력리미트 스위치, 가스버너, 수위센서 등에 대해 현장에서 식별되는 특이점을 상세하게 살펴봤고 특히 노통 보일러 연통 부분의 용접부 특이점에 대해 심려를 기울여 관찰했다. 역시나 최초 균열이 시작된 파괴 시작부는 용접부가 덧대어 보강된 상태였으며 다단계 피로 형태와 점차 진전 후 최종 파단면이 약해지면서 파열된 상태가 식별되었다. 관리공단 입회하에 연관 및 세관공사 검사 후 폭발 사고가 발생하여 관리공단 입장에서는 현장에서 점검이나 관리 부재에 대한 책임을 사용자 사용 부주의로 떠넘기려는 분위기였다. 특이점 등을 기술하고 배제할 부분은 배제한 후 감정 결과를 논문 기술하듯 기술하여 내보냈다.

보통 재난 수준의 공학적 사고의 경우는 변호인 측에서도 교수나 공단 등의 전문 감정단이 함께 병행 감정을 진행하기에 어느 때보다도 전문적인 용어를 혼용해가며 감정서의 질을 논문 정도의 수준으로 기술할 필요가 있다고 판단했다. 당시 국과수 감정서의 방향은 초등학생이 읽어도 쉽게 감정 내용을 기술하길 원했지만 공학적 사고의 경우는 전문 용어가 많고 수 그룹의 전문 감정단이 국과수 감정서를 검토 및 참조하기 때문에 당시 생각으로는 전문성을 나타내기 위해 어느 정도는 전문가적 견해를 보여줄 필요는 있다고 생각했다.

이 글을 작성하는 5년이 지난 지금도 본 사고에 관한 법정 공방은 계속되고 있다. 법정에서 책임 소재를 정확히 논하기 위해서는 확실하고 결정적인 증거가 필요하다. 사용자측 입장을 두둔하는 것은 아니지만 결정적인 증거에 대한 논리를 펴지 못한 밀어붙이기식 감정이 아닌 진실을 밝히는 과학의 힘을 보여주기 위해 지금도 고군분투하고 있다.

겨울만 되면 보일러 폭발 사고가 보통 한 달에 한 건 정도 발생한다. 하지만 기준이나 표준을 만드는 작업에 실제 사고 현장을 아는 전문가들의 참여의 폭은 매우 적다. 아직까지도 용접부에 대한 상세 정기점검 등은 이루어지지 않고 있는 실정이다. 하루 빨리 법공학이 국내에 정착되어 동일 사고를 예방할 수 있는 시스템이 구축되기를 바랄 뿐이다.

가스순간온수기와 죽음을 부른 가출

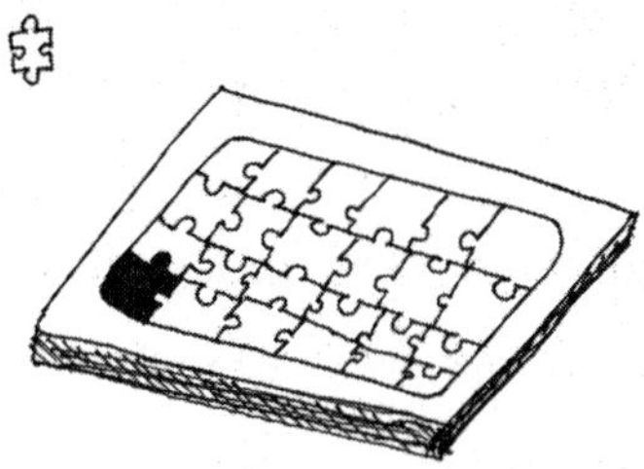

지금은 가스안전공사 등에서 홍보가 많이 이루어져 가스순간온수기의 질식 위험성에 관해서는 일반인들도 많이 알고 있는 듯하다. 가스의 연소 반응은 가스와 같은 가연성 연료와 점화원, 그리고 제일 중요한 산소가 혼합되어 반응이 일어난다. 가스 온수기는 이러한 연소 반응으로 인한 연소열을 이용해 연소실 주변에 물이 지나갈 수 있는 관을 둘러쌓고 물을 데워 온수를 공급하는 구조로 구성되어 있다.

하지만 이러한 원리 때문에 가스순간온수기를 목욕탕이나 화장실 등 밀폐된 공간에서 사용을 하게 되면 밀폐된 공간 내 산소를 공급 받아 연소 반응을 일으키므로 어느 정도 시간이 지나면 산소가 부족해 연료와 산소 혼합기의 완전한 비율을 만족시키지 못해 완전연소가 아닌 불완전 연소가 일어나게 되고 불완전 연소가 발생되면 이산화탄소 대신 혈액 내 헤모글로빈과 접착력이 훨씬 강한 일산화탄소를 배출하게 되므로 이를 들이마신 사람은 결국 일산화탄소 질식에 이르게 된다. 더욱이 시간이 지남에 따라 밀폐계 내 산소는 매우 부족하게 되고 이에 비례해서 일산화탄소 농도는 더욱 높아져 결국 사망에 이르게 된다. 그래서 가스순간온수기 사용시에는 반드시 창문 등을 열어 공기를 충분히 확보해야 되고 불완전 연소 등이 일어날 경우에는 이를 방지할 수 있도록 불완전연소방지장치 등을 장착할 필요가 있다.

흔히 발생하는 사고라 생각하고 성남중원경찰서에서 의뢰된 가스순간온수기 사용 중 일산화탄소 질식 사고를 조사하기 위해 2009년 6월 더운 날씨에 한 상가 건물을 찾았다. 사고가 난 층은 3층이었는데 왠지 모르게 3층으로 올라가는 계단에선 섬뜩함이 느껴졌다. 도착 후 경찰 측으로부터 전해들은 이야기는 흔히 발생하는 질식사와는 많이 달랐다. 여러 이유로 질식사로 위장했을 가능성이 있다는 이야기. 반신반의하며 찾은 상가 3층 건물은 내부가 텅텅 비어있었고 상가 3층 출입문을 나와 4층으로 올라가는 입구에는 화장실 겸 목욕탕이 위치해 있었다. 질식 사망사고가 발생했던 장소였다.

질식사로 위장했다는 의미를 좀 더 담당 경찰관에게 구체적으로 물어 봤다. 이야기인 즉, 변사자가 목욕을 하고 있었던 건 맞는데 부검 결과 수면제를 과다 복용한 상태여서 이상하다 싶어 뒤를 케보니 중학교 때 가출해서 숙식을 상가 3층에서 해결하고 있던 상태. 더욱 놀라운 건 그 상가는 인터넷으로 도박 사이트를 운영하던 회사가 존재했는데 그 회사 사장이 아무 인척 관계도 아닌 가출한 변사자를 데리고 와 숙식을 제공하였으며 변사 며칠 전 수억 상당의 보험을 가입하고 보험지급자를 그 사장 이름으로 해놓은 상태. 국과수에서 오래 근무를 했지만 마치 CSI 관련 드라마나 영화에서나 볼 만할 사건 같아 보였다.

일반적으로 고의성 여부에 따라 사건과 사고를 대별하는데 가스순간온수기 사망사고는 대부분의 경우가 사고사이지만 이 경우는 왠지 범죄와 연루된 사건의 냄새가 났다. 범죄 특이점은 여러 군데에서 발견되었다. 우선 변사자가 목욕을 했던 변사장소의 창문은 열 수 없게 나무판 등으로 고정되어 있었고 화장실 방화문은 방풍막으로 완전 밀폐시킨 구조로 출입문 정면에 가스순간온수기가 설치되어 있었다. 더욱 놀라운 것은 가스온수기 내부를 분해해 보니 불완전연소 방지를 위한 불완전연소방지 장치로 가는 배관이 절단되어 있는 것이었다. 전문가가 아니면 그 배관을 절단해야 하는 것까지 생각해내지 못했을 건데 온수기 내부 구조에 관해 지식이 많던지, 일부러 공부한 사람이 아니라면 일으키기 어려운 사건 같았다.

사장 진술을 들어 보니 사고 1달 전에 직원들 편의 차원에서 본 가스온수기를 중고로 구입하였기에 내부 구조는 어떻게 되어 있는지 몰랐다고 한다. 근데 사고가 발생한 것은 6월. 편의 차원이라면 겨울에 설치를 해야 될 것을 무지 더운 여름에 일부로 사고 한 달 전에 이를 구입해 설치했다는 것 자체가 많이 의심스러웠다. 일산화탄소 농도 측정 시험을 해보니 역시나 몇 분 만에 사망을 일으킬 수 있는 치명적인 수치까지 이르렀다. 측정 시험을 하기는 했으나 이제부터가 경찰에서는 문제였다. 누구나 이 히스토리를 들어보면 다들 그 사람이 범죄를 저지른 것이라고 생각하겠지만 이를 어떻게 증명할 것인지가 혼란스러웠다. 차라리 흉기를 가지고 찔렀다면 판별이 쉽겠지만 사고사로 위장해 범죄를 저지르는 것을 보니 지능범으로 보였다. 어쩔 수 없이 이 사건은 그냥 사고사로 마무리 되었다. 참 안타까웠다. 눈 앞에 범인을 보고도 잡을 수 없으니. 나보다도 아마 경찰이 훨씬 더 답답했을 것이다.

그리고 2년 정도가 지났다. 그런데 그 담당 형사가 또 전화를 걸어 왔다. 아마도 그 후 수사는 계속 진행이 되었나보다. 참 놀라운 이야기를 전해 들었다. 그 사장이 그런 수법으로 보험금을 탄 이력이 그 전에 또 한 건 더 있다는 것. 내용인 즉 변사체가 하나 발견되었는데 추적을 해보니 가출 후 그 사장과 함께 숙식을 제공받았고 실종되기 얼마 전 수억 상당의 보험을 자기 앞으로 들어 놓고 보험금을 수령했다는 사실. 분명 그는 이 위장 사건의 범인이 맞다고 확신한다.

이 사건을 본격적으로 다루기 위해 SBS 그것이 알고 싶다 팀에서도 이 사건을 추적하고 있는 것 같았다. 11년 7월에 미국에 국비 단기 훈련을 가게 되어서 이 후 사건의 진행 사항은 자세히 들은 바는 없었다. 단지 연구소에서 연락이 와 기존 질식사를 다시 한 번 재수사 한다는 정도였다. 이 글을 통해서 가스온수기의 위험성을 시사한 바도 크지만 사건과 사고가 이렇게 또 연결될 수 있구나 하는 부분도 느낄 수 있으리라 생각된다. 부디 유사사고에 유의하시길 바라며...

뼈아픈 임진강 야영과 당구

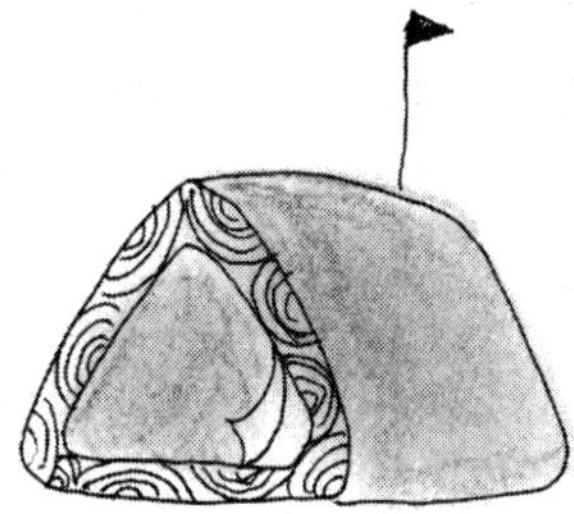

2009년 9월 6일. 여름이 지나가고 가을을 맞이하는 시기. 여름에 불쾌했던 습도와 기온은 가시고 쾌청한 날씨로 인해 많은 사람들이 자연이 주는 힐링을 느끼기 위해 산, 바다로 떠나는 시기. 한창 언론에서는 북한에서의 홍수 소식을 전하고 있던 터였다. 갑자기 속보가 전해졌다. 임진강 주변에서 야영 및 낚시를 하던 민간인들이 북한의 사전 통보 없는 댐 방류로 인해 급물살에 휩쓸려 떠내려가 6명이 사망했다는 내용.

언뜻 생각하기에는 분명히 수위를 감시하는 시스템이 있어 사전 조치가 가능했을 것이라 추측했지만 어떻게 이런 재난에 준하는 일이 벌어질 수 있을까. 재난으로 표현했지만 이 사건은 자연재난이 아닌 상용화된 총과 대포 등의 무기를 사용하지는 않았지만 물이라는 생각하지도 못했던 무기를 사용한 북한의 공격이라 보는 것이 적절했다. 예상했던 대로 아침에 연천경찰서와 경기지방청에서 전화가 걸려 왔다.

우리가 만나서 향한 곳은 다름 아닌 비무장지대 내 필승교 수자원공사 군남 홍수조절지. 비무장지대를 들어가다 보니 경비가 삼엄했고 몇 개의 검문소를 걸쳐 필승교 가건물 형태의 관측소에 도착했다. 공군을 다녀와서 비무장 지대에 한 번도 가보지 못한 터라 비무장 지대 현장 조사는 나에겐 특별한 경험이었다. 워낙 일반인들의 접근이 불가하다 보니 비무장 지대에서 보는 산과 나무 한그루 한그루는 일반 국립공원에서 보던 것과는 달리 신비함을 간직하고 있었다. 우리를 안내하기 위해 현장에 나온 수자원공사 대리는 무척이나 초초한 모습이었다.

들은 내용인 즉 사고 당시에 당직 근무를 서던 분으로 문제는 이 분이 당직 업무 중 선배와 함께 당구를 치러 갔고 자리를 비운 상태에서 사고가 발생한 상황이었다. 북한의 수공으로 사고가 발생했지만 수사의 초점은 당직 업무 부재로 인한 업무상 과실에 맞춰져 있었다. 의례적으로 수자원 공사의 경우 비가 오지 않던 상황이라 아무 일 없겠지 생각하고 당구를 치러 갔고 이때 사고가 발생한 것은 참 안타까운 일이었다.

그 당시 그 대리는 선배가 의례적으로 당직 중 당구 치러가자고 권했을 때 그의 업무 공백이 그렇게 클 줄을 아마도 상상하지 못했을 것이다. 우리는 왜 갑작스런 수위 상승을 감지하지 못했고 수위가 상승하더라도 왜 경보 시스템이 작동하지 않았는가에 대해 우선 조사를 진행했다. 관측소 내에는 수위 측정을 위한 레이더 수위감지기인 한강홍수통제소용 및 수자원공사용 RTU(Remote Terminal Unit)가 설치되어 있었고 관측소 전면 필승교 난간에는 영상 수위감지기가 설치된 상태이며 이 영상 수위감지기는 필승교 교각에 설치된 눈금 계측자의 영상을 읽어 들이는 방식이었다.

법안전과 과장님을 팀장으로 전기전문가인 송박사와 기계전문가인 나로 구성된 조사팀은 전송 오류 및 경보 장치 불량 등을 파악하기 위해 전기 및 전송 시스템, 프로그램 코딩 등을 분석하기 시작했다. 프로그램 언어로는 대학 다닐 때 비쥬얼베이직, 메트랩 등의 과목을 들은 적이 있었는데 당시에는 이런 과목이 우리가 하는 일에 필요하겠냐 싶었지만 현장 조사 당시에는 배운 지식을 분석하는데 요긴하게 써 먹었다.

파악한 결과, 눈금 계측 시스템 등에는 문제가 없었으나 사고 당시 수위변화에 대한 데이터를 전송하는 RTU가 고장이나 사고 이전 일정한 데이터 값을 지속적으로 표기하고 있었고 또한 수자원 공사 경보제어 시스템에 일정한 데이터 값이 지속적으로 표기되면 이를 이상으로 감지하여 경보를 발령하는 코드가 프로그램을 초기 코딩할 당시부터 누락되어 있었다.

원인을 파악하고 나니 더욱 어처구니없는 사고였음에 안타까웠다. 이 두 가지 시스템이 정상으로 작동만 했어도 미리 갑작스런 수위 상승에 대피하여 6명의 아까운 희생이 없었을 건데 참 허술하기 짝이 없어 보였다. 6명의 희생도 참 안타까웠지만 나는 그 대리가 참 마음에 걸렸다. 어린 딸이 한 명 있다는데 6명이 사망한 사건이라 꽤나 법적 책임도 클 것 같은데 가족분들은 이제 어찌하나 마음이 아팠다. 워낙 큰 사안이라 아침부터 저녁 늦게까지 우리 조사뿐만 아니라 기무사, 국정원, 국방부 등 여러 기관의 조사를 받느라 혼자서 고군분투했는데 정작 수자원공사 다른 관계자들은 작은 미동도 없는 듯 했다.

저녁 8시 경 비무장 지대를 나와 서울 연구소로 향했다. 우리 같은 직업이 위험하기도 하고 때론 사람에게 책임을 묻는 증거화

작업을 지원하지만 이 직업의 매력 중 하나는 일반인들이 평생 한 번 가보기 힘든 곳을 가고, 경험하기 힘든 일을 하며 사건의 진실을 찾는 보람이 아닐까 생각하며 차 안에서 서로 잠시 대화를 나누었다. 뒤에 들은 이야기지만 이 사고에 대한 책임의 많은 부분을 그 대리가 혼자 짊어진 것 같았다. 꽤나 무거운 형량을 받은 것 같았다.

본 사고는 많은 부분 총체적인 안전 불감증이 주원인이라 보이는데 형사적 책임을 대리에게만 무겁게 지운다는 것이 매우 불합리한 우리 사회의 한 면을 보여주는 듯 했고 또한 이것을 악용하는 사람이 있어 사고는 계속 되풀이되는 게 아닌가 하는 생각이 들었다.

천! 안! 함!

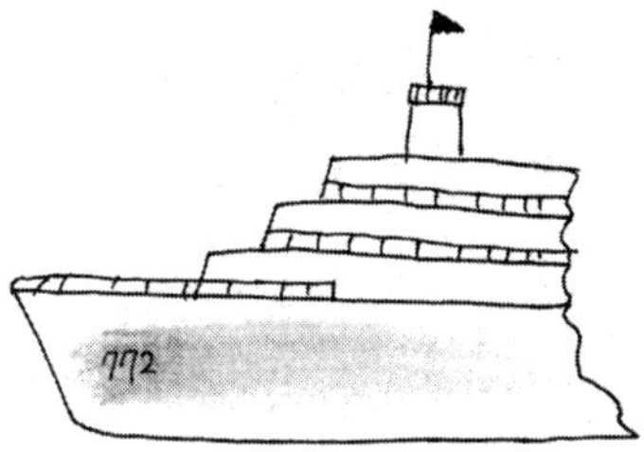

2010년 3월 26일. 대한민국 국민 모두를 분개하게 만든 천안함 침몰 사건이 발생했다. 그날 아침 국과수 안전 분야에 근무하던 나로서는 혹시 우리 쪽에도 연락이 오지 않을까 내심 생각을 하고 있던 중 국방부 조사본부에서 평소 알고 계시던 과장님이 다급한 목소리로 전화를 걸어 오셨다. 해군에서 가지고 있던 초계함이 폭발을 했는데 같이 좀 조사할 수 있겠냐며... 언론을 통해 자세한 내용을 보지 못하고 있던 터에 기본적으로 폭발이 일어날 수 있는 유형과 선박이라면 보일러 등을 사용하니 보일러 폭발 등을 처음에는 의심했었다. 그러나 뉴스 속보가 뜨는 걸 보면서 사고 규모가 지금까지 해오던 상황과는 많이 다르구나하는 생각이 들었다.

결국 본 사고는 국과수 한 실험실에서 담당해야할 범위를 넘어서는 문제라 판단했고 연구소 지휘부 차원에서 논의가 되기 시작했다. 보통 폭발 사건의 경우는 안전연구실 요원 2명 정도가 나가

조사를 하던 터라 추가적으로 화학분석과 요원들이 일부 포함된 팀이 꾸려질 것으로 생각했다. 하지만 예전에 국과수 쪽에 계시다가 국방부 조사본부로 옮기신 과장님이 국과수 사무분장과 전문가가 누구인지를 파악하고 계신 터라 국방부에서 임의로 국과수 지휘부와 의논도 없이 민군합동조사단을 구성했고 임명식 날짜와 함께 명단만이 공문을 통해 통보되는 형식으로 송부되었다. 아주 급박한 사건이라 그럴 수 있다고 혼자서는 생각했지만 지휘부에서는 일부 불쾌감을 나타내었고 일단 임명식에는 참석하는 것으로 지시가 내려왔다.

민군합동조사단에 포함된 국과수 요원은 내가 속해있는 물리분석과 전 요원과 화학분석과 일부, 문서영상과 일부, 법의학과 일부 요원으로 임명장 수여는 모두 이루어졌으나 민군합동조사단을 국방부가 총괄하면서 국방부에 속해있는 국방과학연구소(ADD) 연구원들이 사건을 주도적으로 분석하였기에 초기에는 국과수에서는 물리분석과 총기연구실장과 폭발을 담당하고 있던 나. 두 명 정도만이 조사단 회의 등에 참석하는 정도였다.

침몰사고 발생 직후 언론 및 인터넷 등에서 사고 원인에 대한 유언비어가 속출하였으며 방송사들은 앞다퉈 사고에 대해 업데이트 되는 상황을 매일 주요 뉴스로 방송했다. 하지만 모두 추정에 지나지 않는 건 폭발된 천안함이 바다 심해에 침몰되어 모습을 나타내지 않는 상황에서 진술에 의지해 구성된 사고 재현이라 신빙성은 전혀 가지지 못했다. 조사단이 사고 직후 구성되었으나 그 후 20일 여간은 국방부를 제외하고는 별다른 활동은 이루어지지 않았고 사고에 관한 정보도 언론 등을 통해서 간접적으로 청취할 뿐이었다. 드디어 천안함 인양 작업 계획이 연구소에 전해졌다.

2010년 4월 13일. 본격적인 조사단 활동 지침이 송부되었고 4월 14일 새벽 국방부 조사본부를 중심으로 한 민군합동조사단이 천안함 인양 작업을 지켜보기 위해 용산 국방부 본부에서 소집되었고 많은 인원의 조사단을 백령도 앞바다 침몰 현장으로 수송하기 위해 공군 헬기 한 대가 한강 고수부지 근처에 도착했다. 임명식에서 국과수 물리분석과를 포함한 다른 과 인원들도 합조단 임명장을 받았으나 크게 현장 조사와는 무관한 부서라 그 인원 중 총기연구실장과 나 둘이만 현장 조사 활동에 참여하기로 했다. 국과수 조끼를 입고 가고 싶었지만 모든 유니폼은 국방부 조사본부 조끼를 착용해야지만 조사단을 구분할 수 있다기에 어쩔 수 없이 우리도 조사본부 조끼를 하나 집어 들었다.

내가 공군 출신이라 대형 헬기를 보기는 많이 봤지만 그 헬기가 한강고수 부지에 내리는 광경은 정말 평생가야 한 번 보기 힘든 광경이었다. 왠지 모르는 급박함과 긴장감이 흘렀고 조사단 규모가 큰 만큼 서로 모르는 사람들이기에 아무도 말을 걸 여지도 없이 슈트 하나씩을 지급받아 수송기에 몸을 실었다. 한 시간여를 아무 생각 없이 날았던가. 마침내 우리는 백령도 앞 해안에 배달되어 졌다. 우리가 가야 할 목적지는 지휘본부와 천안함 인양을 위해 유족과 승조원을 태우고 있던 독도함 갑판. 조사단을 싣고 온 헬기가 바로 독도함 갑판에 내리면 될 터인데 왜 백령도 앞 해안에서 다른 헬기를 갈아타야 되는지 의문이 들었다.

내용을 알아보니 육군 헬기는 항공모함에 내리는 훈련이 되어 있지 않은 터라 백령도 해안에서 해군 헬기로 갈아타는 것이었다. 드디어 말로만 듣던 아시아 최대 규모의 수송함인 독도함에 도착했다. 인양 작업을 위해 독도함이 위치하고 있는 백령도 앞바다는 수많은 선박들이 분주하게 움직이고 있었다.

독도함에 들어서자마자 우린 침실을 배정받고 바로 침실로 들어갔다. 독도함에는 합조단, 유족, 승조원이 합쳐 약 700명 정도가 머무르고 있고 아마도 돌아다니실 수 있는 공간은 없을 거라는 게 당시 관계자의 설명이었다. 이층 침대를 생각했건만 숙소 상황은 매우 열악했다. 이층 침대 높이에 삼층 침대가 놓여 있었고 허리를 구부려서는 침대에 오를 수 없는 상태였다. 말 그대로 침대에 올라가기 위해서는 처음부터 누워서 들어가야 하는 상태였다. 또한 침실은 서 있을 공간이 없어서 침실에 들어서서는 무조건 자동으로 누워서 침대에서 움직임 없이 마냥 누워 있어야만 하는 상태였다. 휴게실이 한 실 존재했으나 주로 국방부 고위 장군들이 모여 있는 장소였기에 잠시 비는 시간에 천안함 언론 방송 등을 청취하는 게 천안함 인양 전에 우리가 할 수 있는 전부였다. 가끔 몸이 결리면 일어서서 독도함 선미와 선수를 왔다 갔다 하는 게 움직임을 줄 수 있는 한 가지 방법이었다.

천안함 인양 연기 소식이 들려오는 가운데 독도함에서의 첫 날밤을 맞이했다. 어수선히 잠도 오지 않는 분위기에서 야참이 배식되었고 음식은 군에서 먹는 음식 중 최고였으나 46명의 젊은 피들이 죽어간 현장에 와 식사를 한다고 생각하니 마음이 많이 무거워 제대로 음식을 넘길 수는 없었다. 식사 후 담배를 피러 갑판에 나갔는데 지는 해는 더욱 더 붉어 보였다. 국과수가 싸인 드라마의 인기로 지금은 NFS라는 이니셜만으로도 그 명성을 알아보지만 당시에는 국과수라는 국문 명칭은 일반인들도 많이 알고 있었지만 NISI라는 영문 명칭은 거의 알아보는 사람이 없을 때였는데 해군의 별 4개의 계급을 달고 계시던 한 장군님이 점퍼에 적혀 있는 NISI 이니셜을 보시고는 나에게 물으신 일이 기억이 났다. "NISI ??", "미국에서 왔습니까?" "아닙니다. 국과수에서 왔습니다." "아!

국가수”. 사투리를 많이 쓰시던 장군님이라 그럴 수 있다고 생각했다.

당시 독도함에는 합조단 외에도 객관적이고 공정한 사고 원인 분석을 위해 미국, 호주 등 해외 조사단도 함께 묵고 있던 터라 충분히 그러고도 남는 일이었다. 국방부 합조단에는 육군, 해군, 공군 합참 지휘부가 함께 생활하고 있었는데 아마도 삼군의 지휘부가 함께 숙박을 같이 한 건 드문 일인 듯 했는데 당시 독도함에서 머무르고 있는 별만 모두 합치더라도 40개 이상이 되지 않을까 싶었다. 태어나서 그렇게 많은 별들을 보는 것은 처음이었고 그 자리에 내가 같이 합조단으로 속해있었다.

저녁이 되면 언론을 통해 나오는 천안함 인양 소식을 들으면서 여러 가지 담화가 오가곤 했다. 육군에 계시는 한 장군님이 말문을 여셨다. “해군은 이상하데. 함장 계급이 저쪽 배보다 높아도 서로 다른 함이면 명령이 먹히지 않는다면서.” 해군에 한 장군이 맞받아치듯 한마디 던지셨다. “육군도 부대 틀리면 그런 것 아니유” “육군하고 소통만 잘 되도 인양작업도 빠를 건데” 그러기를 1시간여. 보통 이런 분쟁이 발생하면 조금 더 담소가 깊어지면 분란이 일어날 지도 모른다는 생각에 주위 몇 분정도가 함께 중재를 하는 분위기에서 마무리되었다.

언제까지 기다려야 되는지 모르는 채 움직일 공간조차 없으니 다들 피곤함과 스트레스 등으로 인해 신경이 날카롭게 곤두선 상태였다. 결정적 증거물. 군에서 천안함을 폭침시킨 어뢰를 부르는 용어였다. 잠시 휴게실에 앉으면 이를 어떻게 찾을 것인가 하는 토론이 이어졌다. 그때 장군 한 분께서 공군에서 들은 이야긴데 미사일 등이 해수에 떨어지면 이런 물체들을 찾는데 전문가가 있는데 그분에게 연락하면 뭔가 방법이 없겠냐는 의미심장한 말씀을 내던지셨다. 쌍끌이 어선을 이용하는 분인데 30년 경력의 소유자고 군에서 의뢰된 해수에 침몰된 여러 물체를 찾아 끌어 올리신 경험이 많다는 이야기였다. 그렇게 한 번 해보자라는 의견이 많이 나오던 터였다. 4일여를 똑같은 생활을 반복하고 있을 때쯤. 국방부 지휘부에서 천안함 인양 소식이 들여왔다.

독도함 생활 5일째 오전에 두 동강난 천안함 선체 한쪽 일부가 모습을 나타내었고 합조단은 천안함 선체가 인양되어 얹혀 질 바지선에 바로 투입되기 위해 새벽부터 분주히 움직였다. 바지선에 천안함이 드디어 적재되었다. 많은 인원들이 서로 앞다투듯 몇 차례 나누어 UDT 보트에 몸을 싣고 천안함이 인양되어 있는 바지선으로 향했다. 한계 인원 이상을 싣는 보트는 독도함에서 바지선에 도달할 때쯤에는 보트 내에 물이 거의 차 있는 상태였다. 상공에는 수많은 언론사 헬기가 인양 및 조사 장면을 카메라에 담기 위해 떠있었고 백령도 해안가에서도 수십 대의 카메라가 합조단 활동 모습을 찍고 있었다.

마음에 심적 부담을 안고 천안함의 두 동강 중 한 동강이 적재된 바지선 위에 발을 내디뎠다. 그런데 이게 웬일 많은 사람이 한꺼번에 오르니 바지선이 천안함의 무게와 사람들의 무게를 한꺼번에 버티는 데는 한계가 있어 보였다. 처음 예상한 것과는 달리 천안함 무게가 더욱 무거웠던지 천안함을 적재해놓은 철재 프레임이 휘어지는 상황이 벌어졌고 이로 인해 또 다른 사고가 발생하지 않을까 두려움도 생기기 시작했다. 다행히 긴급으로 용접 작업을 시행한 후 천안함의 바지선 안착은 그런대로 안정화할 수 있었다.

국방부 조사본부 인원의 대부분은 피해자 사체 등을 찾기 위해 선체로 투입되었다. 그동안 우리는 최고 관심사인 폭발 원인을 찾기 위해 제일 먼저 파단면이 있는 쪽으로 달려갔다. 국과수에서 손상 분석 업무를 맡고 있던 나에겐 천안함 파단면이 여러 가지 사고 원인에 대한 의혹을 풀어 줄 수 있는 가장 강력한 증거 자료이기 때문이다. 표면에 직접적인 충격흔이 식별되지 않고 아래에서 쏟아 오르듯 선체 하부가 변형되고 짧은 시간 내에 대변형을 동반한 외부 에너지에 의한 폭발 형태. 누가 반문할 줄 모르나 전형적인 어뢰로 인한 폭발 가능성이 큰 상태였다. 선체 및 손상 국내 전문가들이 다 모여 있던 자리라 여러 이야기가 나올 줄 알았지만 폭발 유형에 관해서는 크게 이견은 없는 상태였다.

다만 이를 얼마나 쉽게 일반 대중들에게 설명할지 어떻게 증명할지가 문제일 뿐이었다. 거시적인 폭발 형태가 내부 폭발은 완전히 배제할 수 있는 상태라 내부 폭발 원인에 대한 부분은 더 이상 중점을 두고 볼 필요는 없는 상황이었다. 또한 피로로 인한 파괴 형태와는 큰 차이를 나타냈고 좌초로 인한 사고 가능성도 매우 낮아 보였다. 사고 조사는 일단 상세 분석이 필요한 부분이므로 차후 어떻게 할 것인지에 대해 개략적으로 의견을 나눈 후 피해자 사체를 먼저 인양하는 작업을 중심으로 그날 당일 작업은 진행되었다.

우리는 다시 독도함으로 돌아왔고 젊은 희생 장병들의 사체만이 한 구 한 구 발견되어 독도함으로 들어왔다. 기분이 착잡했다. 해는 저물어가고 노을까지 지니 마음이 너무 무거웠다. 사고 당시 천안함에 있었던 장병들을 생각하니 너무 마음이 아팠다. 선체를 어찌할지에 대해서는 독도함에 마련된 지휘부 회의에서 평택 2함대로 옮기는 결정이 내려왔고 독도함 내 개인 행동은 전부 금지된 채 전원이 독도함을 타고 인양되어진 천안함과 함께 평택 2함대로 같이 들어가는 방향으로 행동 지침이 전해질 때쯤 며칠 동안 움직이지 않던 독도함 엔진이 돌아가기 시작했다.

평택 2함대까지 12시간. 마지막 독도함에서의 잠을 청하고 새벽에 일어나니 평택 함대 부두가 눈앞에 들어왔다. 독도함을 부두에 정박시키는 일은 또 하나의 광경을 자아냈다. 독도함이 워낙 커서 혼자 정박을 하는 것은 불가능하고 방향을 잡아 주기 위해 작은 배들이 독도함을 충격해가며 부두에 닻을 내리고 있었다. 독도함에는 당시 이야기 듣기로는 승조원 약 350명, 합조단 및 유족이 약 350명. 총 700명 가량이 타고 있었던 것으로 전해 들었는데 평택 2함대에 도착해서는 사고 원인 분석을 위해 합조단 인원들이 가장 먼저 지상에 발을 내딛었다.

우리는 부두를 빠져나와 미리 준비되어 있던 봉고 차량에 나누어 몸을 실었고 임의 건물에 도착하였다. 일주일 만에 집에 가는구나하는 바람은 합조단이 전체 합숙 활동으로 진행되고 여기가 합조단 숙소라고 하는 이야기를 전해 듣고는 조용히 접었다. 다만, 모든 사고 지휘를 군에서 하고 있고 국방부에서 국방과학연구소 외에 인원들은 분석에 있어 그리 중요한 역할을 하고 있지 않는 느낌을 받았기에 양해를 구해 일단 며칠간의 정기회의에만 참여한 후 합조단에서 국과수 쪽에 필요한 부분이 있으면 언제든지 도와주기로 하고 총기실장님과 나는 서울 연구소로 복귀했다.

그 후 우리에겐 아무런 연락도 없었다. 가끔 총기실장님이 회의에 참석해서 대략적인 진행 상황정도만 듣고 와서 이야기하는 것을 빼곤 천안함과 관련된 특별한 활동은 없었다. 당시 야당에서 추천한 신상철 위원의 좌초 발언도 그때 전해들은 이야기였다.

그리고 5월 15일로 기억한다. 군에서 결정적 증거물로 불리던 천안함 폭격 어뢰 추진체를 독도함에서 논의했던 내용과 같이 쌍끌이 어선을 이용해 그물로 끌어 올렸다는 소식이 들려 왔다. 하지만 어뢰를 끌어 올렸음에도 불구하고 언론에서는 또 의심하는 내용의 언론 보도가 쏟아져 나왔다. 어떻게 쌍끌이 어선으로 추진체를 끌어 올려! 어뢰 부식 상태가 저렇게 심한데! 우리 군에서 보유하던 어뢰 아냐? 등 수없이 많은 리플들이 인터넷을 돌아 다녔다.

드디어 5월 20일 아침. 국방부에서 천안함 사고 원인 분석 결과에 대한 대언론 보도 브리핑이 있던 날이었다. TV를 통해서 독도함에서 항상 뵙던 국방부 조사본부장님의 발표 내용이 전국에 퍼져 나갔다. 대부분의 사람들이 내용 중 중요하게 지켜보았던 내용은 천안함이 어뢰로 인해 폭침된 것이 맞는지와 그 어뢰가 사고 당시의 어뢰가 맞는지, 어뢰라면 그 어뢰가 북한 것이 맞는지에 대한 것이었다. 국방과학연구소 박사님들이 마치 학교 강의를 하듯 전문적인 내용으로 발표 내용을 이어 나갔다. 결정질, 비결정질, XRD, 백색물질, LS-DYNA 등 많은 전공 용어들과 장비 용어가 쏟아졌는데 일반인들이 내용을 이해하기에는 좀 역부족이지 않나 하는 생각이 들었다.

내용을 정리해보면 어뢰로 인해 본 폭발 형태가 나타났고 끌어 올린 어뢰는 천안함을 침몰시킨 그 어뢰가 맞으며 본 어뢰의 추진체 제원, 그리고 내부에 쓰여 있는 '1번'이라는 글자를 통해 북한 소행이 맞다는 것이었다. 현장조사 및 수사 경험이 없던 분들이라 많이 고생하시고는 오히려 너무 학문적이다 보니 이를 증명하는 것이 좀 서둘지 않나하는 생각이 들었다. 발표 이후 여론이 수그러지기는 커녕 언론 전쟁이 시작될 정도로 하루에도 한 언론사에서 버전을 수십 번 바꾸어 가며 소설 쓰듯 기사 논쟁을 쏟아 냈다. 급기야 외국에 계신 학자들까지 합세하면서 발표 내용을 이해할 수 없다는 반박 사설이 인터넷을 달구었다.

그때쯤 국방부 한 관계자가 나에게 연락이 왔다. "언론을 보시면 아시다시피 사고 후 며칠밖에 지나지 않는 상태에서 끌어올린 어뢰 추진체의 부식 상태가 너무 심한데 부식 정도를 보고 해저에서 시간이 얼마나 지났는지 검증해줄 수 있으신지요? 그리고 선체에 부착되어 있던 백색가루와 어뢰에 부착된 백색가루가 조직면에서 화학 성분면에서 동일한지 여부를 검증해주실 수 있으신지요?" 전화를 받고 한참을 멍하니 생각했다. 사안도 사안이지만 생산 및 재료를 전공한 나로서는 이를 검증하기 위해서는 다양한 분야의 전문가가 의견이 필요할 것으로 판단했고 비공식 루트로 당시 국과수 물리분석과 자문으로 계신 분들에게 전화를 걸었다.

국내 부식에 있어서는 최고 전문가로 정평이 나 계시는 두 분께 접촉을 시도했고 흔쾌히 분석에 동참해주시겠다고 하셨으나 부식 등은 환경이 매우 중요하고 제시된 환경이 정확하지 않아 추정 정도 하는 것으로 정리하고 일단 유선상 일단락을 지었다. 국방부에는 분석할 수 있는 데까지 분석해보기로 유선으로 통보한 후 헌병들에게 겹겹이 쌓여 철통 경비 중심에 놓여 있는 결정적 증거물, 즉 어뢰를 보기 위해 국방부를 방문했다. 경계는 매우 삼엄했고 궁금해 하시는 국방부 최고 지휘부 분들과 국방부 과학수사연구원 등 많은 분들이 나의 행동을 유심히 지켜보고 계셨다.

언론에서만 보던 어뢰추진체가 볼품없는 형태로 제시되었다. 언뜻 보기에 고정타 부분은 탄소강 재질, 프로펠러 부분은 알루미늄 합금으로 보였고 언론에서 말하듯 부식 형태로 혼돈을 줄 수 있는 백색물질 등이 프로펠러에 부착되어 있는 상태였다. 내가 비교를 위해서 확보된 북한 어뢰를 가지고 있는지에 대해 국방부 관계자에게 물었고 우리가 가지고 있는 북한 어뢰는 유일하게 한 개가 존재한다는 대답과 함께 바로 옆에 그 어뢰를 나에게 제시해주셨다. 이번에 끌어올린 어뢰 추진체의 1번 글씨체와 표기방법 비교를 위해 제시되었던 그 어뢰였다. 4번이라고 적혀 있었던 것으로 기억한다. 하지만 보자마자 비교 분석이 불가능하다는 것을 느꼈다.

비교를 위해 제시된 어뢰는 소위 양산품이 아닌 개발을 위해 임시로 만들어진 소위 목업(Mock-Up)품. 즉 시작품 용도로 알루미늄 합금으로 만들어진 제품으로 합금 종류도 프로펠러 부분과 달라 비교용으로는 큰 의미를 가지지 못한 상태였다. 일단 기본 데이터인 제조 수준 및 재질, 조직 등을 파악하기 위해서는 절단이 필요하다고 말씀드렸으나 군 최고 지휘부에서 돌아오는 대답은 나에게 분석을 하라는 것인지에 대한 의문스런 말 뿐이었다. "본 어뢰추진체는 천안함 박물관이 만들어지면 전시되어야 할 품목으로 훼손은 없어야 하는데 우리나라 과학기술 수준이 절단하지 않고는 분석할 수 있는 방법이 아직 없는 것인지요? CSI, CSI 하는데 뭐 그래!" 좀 당황스러운 면이 있었으나 상황의 급박성 및 자연과학이나 공학에 문외하신 분들에게서 나올 수 있는 대답이라 생각하여 웃어 넘겼고 다시 한 번 분석을 위해서는 절단 작업이 필요함을 말씀드린 후 군 지휘부의 결정을 기다리기로 하고 자리를 떠났다.

국방부에서 연구소에서 돌아오는 길에 수많은 생각이 들었다. 절단한다 해도 비교품이 없으니 그것도 난감하고 부식 등은 동일 재질 등을 가지고 여러 케이스의 실험이 필요하지만 그럴만한 추가 재료도 없고. 일단 KS 규격과 비교를 하고 국내 재질과 유사품이 나오면 그것을 가지고 실험을 하면 되겠다는 생각으로 연구소로 발걸음을 돌렸다. 하루정도 지났을까 국방부에서 또 다시 연락이 왔다. 어뢰 절단 여부는 국방부 단독으로도 누구든 결정할 수 없고 VIP 결정이 필요하니 좀 더 기다려 봐야 한다는 말씀이었다.

의외로 결정은 빨리 내려왔다. 절단 작업에 대한 허락 지시가 내려왔지만 조건부 지시였다. 어뢰 추진체를 절단하되 절단부를 최소화하라는 것. 최소화! 글쎄 어느 정도가 최소화인지. 일단 절단 작업을 위해 절단기를 준비시켰고 다시 어뢰 추진체 앞에 다들 모여 들었다. 국방부 관계자에게 고정타부 1점, 프로펠러부 1점을 절단해줄 것을 요청드렸지만 절단부를 최소화하라는 지시에 절단을 위해 선뜻 나서는 분들은 아무도 계시지 않았다. 결국, 그래도 국방부 관계자보다는 내가 자르는 게 낫겠다 싶어 나름대로 판단하여 분석이 필요한 면적 정도만 절단해냈다.

일단 분석을 위해서 첫 번째 작업이 진행되니 시작이 반이라고 후련한 부분도 있었다. 1번 글씨체도 일부 그날 떼어 냈다. 글씨를 표기한 매직펜의 성분을 검사하면 뭔가 좀 더 북한의 소행을 증명할 수 있지 않을까하는 생각이었다. 1번 글씨는 스테인리스로 보이는 색상의 페인트 위에 적혀 있었고 그런 이유로 1번이라는 글씨의 매직을 떼어내는 작업은 훨씬 수월했다.

후에 들은 이야기지만 1번 글씨체의 매직 성분을 비교 분석하기 위해 국정원 및 기무사 등 전 정보라인을 가동하여 탈북자가 가지고 오거나 해외에서 판매하고 있는 모든 종류의 매직펜을 수거했고 이를 비교 분석한 결과, 특징적인 것은 1번 글씨를 적은 매직펜에 SI성분이 들어있어 내열성이 우수한 점이 있으나 제조국을 한정할 수는 없다는 것이었다. 본 분석을 통해 파악할 수 있는 내용은 매직펜에 SI계 성분이 들어 있어 내열성이 강해 열에 의해 쉽게 사라지지 않구나 하는 정도였다.

국과수 쪽에 바라는 부분도 있고 사건의 중요하고 긴박한 사안을 알기에 원장님 허락을 득한 후 채취된 시료를 가지고 실험 장비를 많이 보유하고 있는 국내 여러 곳의 연구기관을 방문했다. 일단 나에게 주어진 임무는 선체의 백색물질과 끌어 올린 어뢰의 백색 물질이 동일한 것인지와 어뢰의 부식 정도를 보고 본 어뢰가 해저에 위치했던 시간을 추정하는 것이었다. 일단 논란이 되었던 합조단 발표는 무시하고 처음부터 하나하나 되짚어가며 관련 이론과 현장 전문가들의 경험을 살려 서로 머리를 맞대고 분석을 시작했다. 우선, 선체와 어뢰에 부착된 백색물질의 동일성 판단을 위해 SEM, TEM, XRD, OM 등 금속에서 얻을 수 있는 모든 정보를 얻기 위해 관련 장비를 총 동원했다.

그 결과, 두 물질 모두 주성분은 Al 산화물로 성분 조성이 모두 동일하고 XRD 분석 시 비결정질 곡선의 패턴이 유사하며 결정질 피크가 일부 동일한 부분이 있다는 것이었다. 간단하게 정리하면, 생성된 비결정질 곡선은 생성된 히스토리 곡선과 같으며 이 곡선이 유사하다면 이는 동일한 시기, 동일한 환경에서 같이 생성된 물질이라 할 수 있다는 것이다. 그럼 일단 두 선체에 붙은 백색물질이 동일한 시기에 생성되었고 부착되었다는 분석 결과로 인해 선체와 어뢰는 같은 공간 내에 동일 시간대에 있었다는 것이므로 끌어 올린 어뢰가 천안함 폭침과 밀접한 관련이 있다는 것을 다시 한 번 증명이 된 것이기에 그 의미는 무척 크다고 할 수 있었다.

이제 어뢰의 부식 정도에 대한 부분만이 남아 있었다. 현장 조사를 하는 초보자들의 오류는 한 가지에 필(Feel)이 꽂이면 모든 증거를 그쪽으로 편협하게 본다는 점이다. 이를 배제하기 위해 모든 증거는 따로 분석해서 관리되어야 하고 그래야 편협한 분석 및 생각에서 벗어날 수가 있다. 부식 정도에 관한 부분을 판단하기 위해 일단 부식과 관련된 국내외 문헌을 살펴본 결과, 부식은 용존산소량, 유체 흐름 속도 등에 매우 크게 영향을 받으므로 같은 재질이라도 해저 어느 환경에 노출되어 있느냐에 따라 그 부식 정도는 같은 기간이라도 큰 차이를 나타낸다는 사실을 다시 한 번 확인했다.

물론 문헌의 내용은 이미 전문가들은 미리 알고 있었던 지식이었고 일단 고정타와 프로펠러의 재질이 무엇인지 분석에 들어갔다. 고정타 부위는 주성분이 탄소강으로 KS SM45C 재질의 규격과 비슷하고 어뢰 프로펠러 부위는 알루미늄이 주성분으로 규소 함량이 비교적 높은 Al-SI계 합금이며 조직 검사 결과 KS품에 비해 조직이 불균일한 것으로 보아 제조 수준이 낮은 나라에서 제조된 것으로 추정되는 정도였다.

비슷한 재질의 KS품을 구해 실험을 하기로 했던 계획은 더 이상 의미가 없어 보였다. 일단 KS품과 성분은 비슷한지 몰라도 조직이 불균일하므로 부식이 한 부품 내에서도 다르게 진행되고 어뢰 추진체가 해저에 어느 정도 유속에, 어떤 형태로 위치해 있었는가에 대한 정보가 없기 때문에 실험을 진행한다는 것 자체가 큰 의미가 없었다. 그럼 일단 부식 산화물로 보이는 어뢰 고정타 및 추진체의 물질이 실제 부식 산화물인지, 아니면 외부에서 부식 산화물로 보이는 물질이 부착되어 있는 것인지가 다음 단계의 관심 대상이었다. 자체 부식 산화물이 아니고 외부에서 온 물질이라면 더 이상 논의할 부분이 아니라고 판단했기 때문이다. FIB 등으로 단면을 분석하면 그 내용은 판단할 수 있으리라 생각했다.

역시나, 부식물질로 보이는 부분은 단면을 절단해보니 내부에서 자란 부식물질이 아니라 외부 즉, 고정타 및 프로펠러 외부 페인트층 바깥쪽에 부착되어 있는 상태였고 부착 후 떨어져 나간 형태가 확연히 나타났다. 이것으로 부식에 대한 의문은 많은 부분 풀릴 것으로 기대했다. 내부 자체 부식부는 일부 있으나 그 정도가 심하지 않았고 거의 대부분이 외부에서 부착된 물질이 부식 물질로 보이는 형태였다. 이 모든 내용을 종합해서 군 지휘부가 모여 있는 국방부 벙커를 찾았다. 전공 내용이 많아 쉽게 설명할 수는 없었으나 나름대로 쉽게 설명을 마무리하고 돌아 왔다.

우리 내용이 좀 어필된 최종 발표가 나오기를 기대했으나 한 번의 발표 외에 발표 내용은 없었고 당시 벙커의 역할은 언론을 대응하는 것이 주 임무였던 것 같았다. 그 후 대한기계학회 등 관련 학회에서 천안함 특별 섹션을 연다고 나에게도 연락이 왔고 합조단 발표를 했던 ADD 박사님들도 대부분 참석하신다는 말씀을 전해 들었다. 여러 이야기가 언론에서 나오는 상황에서 국정혼란을 막기 위해 국민들에게 제대로 된 내용을 알리기 위해 고민 끝에 연구소 지휘부에서도 사건의 중요성 등을 따져 나에게 참석을 권유했다. 많이는 아니지만 언론 등도 일부 와있는 상태였다.

내 발표의 주제는 "어뢰 부식층 두께 측정을 통한 시간 추정에 관한 연구"로 기억한다. 앞에서 언급한 내용을 논문 형태로 발표했고 이로써 진실 공방이 한 풀 꺾였으면 하는 바램이었다. 내 발표를 지켜보고 나온 ADD 박사님이 나에게 이렇게 말씀하였다. "우리는 화학쟁이라 자꾸 성분으로 내용을 파악하려 했는데 기계 및 재료 분야 전문가들이 SEM 단면 정도만 보여 주었어도 훨씬 좋았겠네요." 그도 그럴 것이 "왜 재질의 화학적 성분을 찍을 때마다 값이 다르지? 몇 군데 기간에 의뢰해서 찍었는데 한 시료에서 나오는 값이 다 다르다"던 당시 화학분석과의 실장이 말씀처럼 금속은 화학 가루하고는 달리 조직이라는 것을 가지고 있고 조직이 불균일하다면 찍는 부위마다 차이가 나는 건 당연한 사실이었다.

하지만 이를 모르고 시작하니 시간만 가고 계속 오류를 범하게 된 계기가 된 것인데 우리 쪽에 먼저 물어만 봤어도 훨씬 진행이 빠르고 매끄러웠지 않았겠냐고 생각은 했지만 때가 벌써 지나간 상태라 많이 아쉬웠던 생각이 들었던 것으로 기억한다. '천안함 피격사건_합동조사결과 보고서'라는 국방부에서 발표 내용 등을 담은 책자가 본 사건에 관련했던 분들에게 보내졌다. 물론 나도 한권을 받아 들었다. 책 내용 중 P199에 우리가 언급했던 내용들이 그저 몇 자의 글로 그냥 표시되어 있을 뿐이었다. 많은 분들이 본 사고로 인해 징계를 받으신 분도 있겠지만 조사본부는 조사를 조기에 정확하게 마무리 지었다는 공로로 또한 영전의 기쁨을 맛보신 분도 있는 것 같았다.

사건 이후 1년에 한 번 정도 같이 사고 조사로 고생했던 분들이 모여 장병들의 넋을 기리고 만찬 등을 하는 것 같았지만 난 한 번도 참석하지 않았다. 참석하시는 분들의 역량이 내가 참석해서 같이 할 수 있는 분들이 아니었기에 그런 것도 있지만 나 나름대로는 좀 석연찮은 부분들도 있었던 것 같다. 천안함 프로젝트라는 영화가 개봉되어 한창 천안함 사건에 대한 진실 공방이 또 시작되었다고 언론을 통해 본 적이 있다. 국민의 알 권리측면에서 이 모든 공방이 다시 한 번 재조명될 필요는 있지 않는가하는 개인적인 생각이 든다.

동물병원과 천연가스버스 폭발

천안함 사건의 진실 공방 논쟁이 한창 뜨거웠다 식는 분위기 속에서. 여름은 높은 열기를 뿜어내며 장마와 함께 불쾌지수 또한 끌어올리는 상태였다.

2010년 8월 9일. 저녁 퇴근 무렵 성동 경찰서에서 긴박한 전화 한통이 걸려 왔다. 서울 시내 도로 한복판에서 버스가 폭발해서 아수라장이라는 이야기. 당시 국내 버스는 탄소 배출량 감소를 위해 대도시의 경우는 거의 모든 차량이 천연가스(CNG)를 연료로 사용하는 천연가스 버스로 바뀌었고 그날 버스 폭발 사고는 CNG 폭발과 연결되어 있다는 점에서 많은 관심을 쏟아 냈다. 어떤 언론사에서는 천연가스 버스를 '달리는 폭탄'이라고도 표현하는 정도였다. 그도 그럴 것이 피해는 적었으나 버스 도입 이후 7번 정도의 폭발 사고가 있었고 불특정다수가 큰 피해를 입을 수 있는 대형 참사의 잠재력을 가지고 있다는 점에서 천연가스 버스에 모두가 불안한 마음을 가지고 있기 때문이었다.

나에게 있어 천연가스 버스는 더욱 특별했다. 대학원 재학 중에 본 차량에 실릴 천연가스버스 용기 설계 및 제작에 직접 참여했고 7년 동안 발생했던 사고 중 형사와 관련된 대부분의 사고조사를 직접 했다는 점에서였다. 또한 각각의 사고 발생 후 천연가스버스 안정성 평가 향상에 관한 자문 위원으로도 참석했고 천연가스버스 태생부터 어떤 문제점을 안고 있으며 향후 어떻게 진행해야 된다는 것을 국내에서는 몇 안 되는 전문가로 손꼽힐 만큼 잘 알고 있는 한 사람이었기 때문이기도 했다. 일단 화재가 발생해서 용기가 폭발한 것인지, 용기 자체가 폭발한 것인지 아니면 버스 자체가 폭발한 것인지 등 현장을 파악하기 위해 서울경찰청과 긴밀한 통화를 실시간으로 하며 사고 현장으로 이동했다.

차량은 교통지체 등 상황이 좋지 못해 일단 현장에서 수거되어 경찰청 정비창으로 옮겨졌다는 이야기를 전해 들었고 어둑한 밤이 되었을 무렵 경찰청 정비창에 도착했다. 정비창 입구에는 역시나 많은 언론사에서 취재 경쟁을 벌리고 있었다, 최근에 소개로 알게 된 황기자가 내가 들어가는 것을 보고 말을 걸어 왔지만 사안이 복잡한 만큼 일단 언론은 전혀 접촉하지 않은 채 정비창 내로 들어갔다. 얼마 않되 캄캄한 밤이 찾아왔고 라이트가 켜져 있었으나 버스 상태를 면밀히 살피기는 역부족이었기에 몇 가지 안전조치를 취한 후 그날 일정은 정리하고 다음날 아침 일찍 다시 정비창을 찾았다.

차량은 화재가 난 것은 아니었고 예상했던 대로 총 8개 천연가스 압력 용기 중 운전석 쪽 첫 번째 용기가 파열되면서 폭발이 발생된 사고였다. 용기가 파열된 상태를 보고 본 사고도 쉽게 정리될 수 없을 것이라는 판단이 생겼다. 안타깝게도 피해자 한분이 다리 절단 등의 중상을 입었다. 그 외에 인적으로 큰 피해는 없었다. 천연버스 압력 용기는 사용압력이 207bar, 파열압력이 467bar로 더 많은 천연가스의 충진을 위해 높은 압력으로 용기에 충진되고 이 때문에 사고가 나면 높은 압력이 짧은 시간 내 일시에 방출되어 자체 가연성 폭발보다는 큰 물리적 폭발을 동반하기에 용기의 안정성이 담보되지 못하면 기자가 표현한대로 달리는 폭발물이라 해도 과언이 아니었다.

그 심각성을 알고 있기에 청와대에서도 전화가 걸려오기 시작했다. VIP께서 관심이 많으니 매일 오전 일찍 일일보고를 올리라는 지시. 참 난감했다. 당시 물리실에는 나 혼자 있었기에 모든 감정, 현장 이동을 위한 운전, 보고까지 너무 힘들었기 때문이었다. 혼자서는 이 모든 걸 지고 가기에는 역부족이었지만 부장님과 과장님의 응원이 크게 작용했다. 어쨌든 내가 이 분야에 대해서는 국내 최고 전문가라 타칭되던 상태라 본 사고 원인도 내가 명백히 밝혀야겠다는 다짐을 하고는 다시 업무에 임했다.

사고 당시 진술에 의하면 충진 후 몇 km 운행하지 않은 상태에서 폭발이 발생했고 충진량과 잔량 등을 계산해본 결과 사고 용기는 압력이 빠져 나가지 않았을 가능성이 있는 것으로 추정되었다. 천연가스 버스 용기는 병렬연결이므로 똑같은 압력이 같이 남아 있어야 되는데 나머지 용기들의 잔압을 측정해보니 약 140bar 정도가 동일하게 남아 있던 상태였고 주행거리 등을 감안할 때 파열압력용기에 가스는 충진 후 빠져 나가지 않았을 것을 추정할 수 있었다.

정비창에 세워둔 사고 차량을 면밀히 살피던 중 파열된 잔해 중 제일 큰 부분을 차지하는 용기 본체가 아무리 봐도 식별되지 않는 것을 파악하였다. 경찰분에게 일단 사고 현장 가서 찾아볼 것을 주문했고 성동경찰서 및 서울청 과수팀 형사분들은 일사천리로 움직이기 시작했다. 용기 본체는 사고 버스가 폭발할 당시 위치해 있던 우측 상가 간판 내에서 발견되었다. 폭발력에 의해 간판을 투과하여 들어간지라 외부에서는 찾기 힘든 상태였다. 파열된 용기는 처참한 지경이었다. 금속 파편은 3개로 분리되고 복합재 부분은 비산되어 형태를 알아볼 수 없는 상태였다.

사고조사의 신뢰성 및 공정성을 확보하기 위해 기계 파괴 전문가와 금속 파손 전문가이신 물리분석과 두 교수님을 본 사고원인 분석의 자문위원으로 모셨다. 그분들께서도 실제 보기 어려운 사례를 볼 수 있다는 점만으로 흔쾌히 비공식적으로 원인 조사에 참여해주셨다. 일단 파단면을 유심히 분석한 후 균열 진행 방향과 시작점을 파악하고 균열 시작점에 특이사항이 없는지에 대해 상세 분석을 하기 시작했다. 파괴 형태는 균열 시작부에 소성변형으로 인한 네킹 현상 및 높은 단면감소율이 나타나고 균열 시작부를 감싸고 있던 복합재 부분에서 클램프 체결 불량으로 인한 심한 찍힘 자국이 있는 것을 확인하였다.

물론 원인 규명에 필요한 재질에 대한 모든 기계적, 화학적, 금속학적 분석은 함께 이루어졌다. 이를 종합적으로 정리해서 사건의 시급성을 고려하여 최대한 빨리 감정 결과를 내보냈다. 문제는 여기서부터였다. 복합재 찍힘흔은 예전에도 있었고 자기들이 해외 사설 업체에서 실험해본 결과 전혀 문제가 되지 않는다는 제조사와 가스안전공사의 입장이 전해졌다. 하지만 해외 사설 업체에서 진행된 실험결과를 믿을 수 없었기에 가스안전공사에 사고 당시 동일 버스에 장착되었으나 파열되지 않은 주변 용기를 가지고 실제 찍힘흔이 생성되어 있는 상태에서 운행 조건을 만족시킬 수 있는지를 파악하기 위해 반복가압 실험을 진행하였다. 전혀 문제가 되지 않는다는 관련 기관의 이야기와는 달리 찍힘 자국이 있는 용기의 경우는 견딜 수 있는 반복가압 회수가 반 정도 떨어지고 결국 본 용기 형태로 파열이 일어난다는 것을 얻을 수 있는 값진 실험이었다.

본 사고 이후 서울시를 시작으로 부산시, 대전시, 대구시 등 대부분의 대도시 지자체에서 찍힘흔이 있는 용기를 모두 수거 및 폐기한 상태였는데 가장 이슈는 이로 인한 물적 피해에 관한 구상권을 누구에게 청구해야 되는지가 관심사였다. 검찰에서 판단하기에는 좀 무리한 부분이 있는 것 같아 검찰에서는 계속 국과수 쪽으로 전화를 돌려주시는 느낌이었다. 중간 수사 발표를 위해 경찰청 요청으로 수사 발표에 직접 참여하였고 되도록이면 일반인들이 이해하는 수준으로 설명 자료를 만들어 발표하려고 노력했으나 전문용어를 쓰지 않고는 도저히 설명이 어려운 사고내용이었다.

발표 장면은 9시 뉴스와 언론 보도를 통해 퍼져 나갔다. 일단 감정인이 사고 원인에 대해 법정이 아닌 언론 브리핑을 한다는 것은 어느 정도 자신감이 있든지 아니면 어쩔 수 없이 지시에 복종하기 위해 하는 것인데 이 분야에서 나름 전문가라고 타칭하는 점에서 전자 입장이 아닌가 싶었다. 수많은 실험과 분석을 거쳤기에 나름대로 누가 와서 이야기해도 반박할 수 있는 자신감이 있었던 것 같다. 공학적 사고와 관련된 사건은 검찰 및 법원이 이해하는데 만해도 오랜 시간이 소요되므로 계속 질의 형식 또는 방문 형식으로 의견이 오가는 상태였다.

담당 검사가 몇 번 바뀌었다는 이야기를 전해 듣고는 사건은 평행선을 달리고 있었다. 지자체들은 형사 책임이 나와야 구상권을 청구할 수 있다는 바람에 모두 검찰에서 어떤 판단이 나올지를 유심히 살펴보고 있던 중이었다. 그 사이 다른 사건 조사를 위해 현장에 나가 있던 중 연구기획과에서 한 통의 전화를 받았다. SBS에서 연락이 왔는데 천연가스 버스 폭발사고 관련해서 인터뷰를 해 줄 수 있는가에 대한 질의이었다. 사고 관련 언론 인터뷰는 자주 요청이 오는 편이었으나 아직 검찰에서 수사가 진행 중이었던 사건이라 정중히 거절해야겠다는 의도에서 프로그램 제목을 물어보니 참 뜻밖에 대답에 한동안 멍한 상태였다.

프로그램은 국과수가 항상 관련되는 '그것이 알고 싶다'도 '뉴스추적'도 아닌 '동물농장!' 참 황당한 상황이었다. 일단 담당 PD와 전화 통화 후 결정을 하기로 했다. PD가 전한 내용인즉, 버스가 폭발할 당시 우측 건물 상가가 동물 병원인데 그 동물병원에서 사고가 발생하기 직전 이를 미리 감지하고 반려견 한 마리가 주인을 피신시켜 화를 면하게 했다는 내용인데 그 강아지가 가스 냄새를 맡을 수 있는지, 그런 상황이 가능한지를 인터뷰하는 것이었다. 내가 동물학자도 아니고 또한 천연가스가 누설이 되면서 폭발이 된 사건이 아니라는 점에서 처음에는 거절했지만 미리 대본을 만들어 갈 테니 사실이 아니라고 생각하시는 부분은 빼고 내 생각을 그냥 이야기해주면 된다는 것이었다. 과장님에게 보고 드리니 어떻게 보면 재미있어 하시며 그냥 한 번 해보라는 것이었다.

바쁘게 움직이고 있는 일상에 저녁 5시경 PD가 도착했다. 조용한 장소가 필요해 SEM실에 일단 카메라를 장착하고 난 후 작성해온 대본을 리뷰해보았다. 강아지의 후각 능력에 대한 부분, 이와 천연버스 폭발사고의 연관성 등. 조금은 황당한 질문과 대답이 적혀 있었다. 오히려 공학 분야 내용을 가지고 내 의견을 물어봤다면 한 번의 인터뷰로 통과가 되겠지만 예능 프로인지라 예능 느낌도 들어가야 되는 듯 조건이 까다로워 7번 정도 되풀이하며 인터뷰를 마쳤다.

뉴스는 당일 방영이라 직접 모니터링하기가 힘들어 주로 가족들만이 지켜보지만 동물농장의 경우는 일요일에 방영되고 가족들과 함께 볼 수가 있어 방영하는 날 TV앞에 모여 앉았다. 그런데 분주한 사고현장에, 감정서 작성에, 정신없이 시간을 보내니 그날이 2011년 1월 2일 신년 연휴라는 것조차 잊고 있었고 그날 방영분은 493회 신년 특집으로 구성된 내용이었다. 신년 특집이라 생각하니 보는 사람이 많아 혹시 내가 의도하지 않은 내용이 몰래 촬영되어 나갈 수도 있었기에 조금은 긴장하고 방송 내용을 지켜보았다. 사투리를 쓰지 않았다고 장담했건만 무지 심한 경상도 사투리를 써가며 무리 없이 인터뷰 내용을 편집하여 방영이 이루어진 듯 했다. 애들을 아빠가 TV에 나왔다는 것을 신기하게 생각하기보다는 사투리를 무지 쓴다는데 계속 초점을 맞춰 이야기했다.

당시 우리는 상가 주택에 전세를 살고 있었고 머리를 자르기 위해 건물 1층의 미용실로 향했다. 주인아주머니가 나를 방금 TV에서 봤다고 반가워하셨다. 속으로는 9시 뉴스에서 수사 발표에 참여한 적이 몇 번인데 하필이면 동물농장에서 나를 볼게 뭐람 하며 애들 줄 과자 등을 사기위해 맞은편 편의점으로 향했다, 역시나 주인께서 똑같이 이야기를 하시는 게 아닌가. 그 순간 다시 한 번 깨달았다. 우리나라 사람들은 뉴스보다는 예능 프로를 많이 본다는 점. 그리고 동물농장의 인기가 그렇게 높을 줄 몰랐다는 점. 그것도 신년 특집은 더 많이 본다는 점. 하지만 연구소 사정은 달랐다.

그 일이 있은 후 월요일 출근해서 보는 사람들마다 한 소리로 이야기 했다. "어디 국과수 직원이 나올 데가 없어서 동물농장에 나오는 거야." 물론 웃어넘기라고 한 농담이지만 좀 창피하기는 했던 것 같다.

본 사고를 계기로 천연가스버스 운행 관리는 국토부. 용기 제작 및 관리는 지경부라고 이를 이원화해온 정부 정책은 국토부로 CNG차량 관리를 모두 일원화하는 방향으로 정리되었고 이로 인한 교통안전공단의 업무가 많이 늘어나는 계기가 되었다. 하지만 교통안전공단은 운행 및 자동차 자체 문제 등의 연구, 조사 등을 담당해오던 기관이라 처음 접해 보는 천연가스버스에 대한 반감이 있는 듯 했다.

사고 원인에 대해 지경부 산하인 가스안전공사와 국토부 산하인 교통안전공단이 서로가 서로의 잘못을 비판하는 끝없는 논쟁이 검찰의 명확한 판단 없이 계속 진행되고 있었다. 그러던 중 1년여가 지나고 난 국비 단기 훈련 방문연구원 자격으로 미국 조지아텍을 방문하고 2012년 1월에 연구소로 다시 출근했을 때였다. 뒤늦게 자신이 본 사건 담당검사라고 지칭하시는 여자 한분이 나에게 전화를 걸어 오셨다. "박사님. 정말 돌아오시기를 얼마나 기다렸는지 모릅니다. 담당 검사가 몇 번 바뀌었고 지금은 자신이 담당 검사인데 뭘 어떻게 해야 될지 모르겠어요." 방문을 해서 다시 설명을 해주기로 약속하고 동부지검을 찾았다.

1년 반이 지난 시점이라 감정물이 어디에 가 있는지 파악하기 시작했고 동부지검에 파열용기 일부가 남아 있는 것 외에 나머지 장착 용기 등 찾을 수 있는 잔해물은 없었다. 압수수색 등을 고려해서 부산에 있는 D버스 등을 방문했지만 허사였다. 조금 더 골치가 아픈 것은 파열 용기 파단면에서 채취된 시편을 가지고 D버스 측 의뢰로 경상도 모 대학에서 재분석이 이루어졌고 그 결과는 국과수 결과와는 판이하게 다른 상황이었다. 하지만 파단면 시편이 현재 검찰에 없는 상황에서 시편이 사고 용기의 시편이 맞는지 확인이 불가했고 설사 사고 용기의 시편이라면 검찰에 있어야 할 증거물이 외부 운행사 손에 넘어가 넌지시 학교 실험실을 돌아다니고 있으니 법적으로 증거인멸죄 등이 문제가 되는 사안이었다.

확인이 되지 않는 시료를 가지고 고민을 할 필요는 없었다. 단지 어떤 분석을 해서 어떤 결과가 나왔는지. 오류는 없었는지 등에 대해 면밀히 살폈다. 결국 본 사건은 검찰에서 무죄로 수사 종결 처리된 후 아무에게도 형사상 책임을 묻지 않았다. 지자체들은 혼란에 빠졌다. 용기폐기 및 교체로 인한 구상권 금액이 상당히 높았기에 더욱 부담되는 결정이 아닐 수 없었다. 담당 검사는 그 이후 해외 파견되어 미국을 가신 것으로 최종 확인하였다.

사고는 아주 작은 확률로도 일어날 수 있고 그렇기에 사고가 아닌 듯싶다가도 계속 일어난다면 일상이라고 표현해야 하는 것이 맞을 것이다. 정확한 사고 조사를 하는 것이 무엇보다 중요하지만 사고를 예방할 수 있는 정책이나 기술을 향상시키는 것 또한 매우 중요한 부분이다. 제대로 사고 예방이 이루어지려면 정확한 사고 원인이 무엇인지 밝히는 것이 역으로 제일 중요한 부분이다. 제대로 사고 원인이 밝혀지지 못함으로써 사고와 직접적인 관련 없는 엉뚱한 부분에 예산이 낭비되는 사례를 사고 조사하면서 많이 보았기 때문이다. 향후 민사가 어떻게 이루어질지 관심 있게 지켜봐야할 사건이다.

241B

G20 정상회의와 대통령 경호처

2010년 11월 11~12일 양일간 G20 정상회의가 서울 삼성동 코엑스에서 개최됨에 따라 우리나라의 글로벌 경쟁력을 세계무대에 다시 한 번 각인시키고 알리게 되는 계기가 마련되었다. G20 정상회의는 2008년 워싱턴에서 출범한 이래 서울 G20 정상회의 이전 4차례의 정상회의가 해외 선진국인 미국, 영국, 캐나다 등 G7 국가에서 개최되었고 그에 반해 서울 G20 정상회의는 비G7 국가 중에서 그리고 아시아에서 최초로 개최된 G20 정상회의로써, 세계경제의 변화된 현실을 보여주는 한편, G20 국가들이 글로벌 이슈에 대한 우리나라의 중재능력, 해결을 위한 리더십을 인정한 것이라고 볼 수 있다. 이를 계기로 대한민국은 2010년 11월 세계에서 가장 영향력 있는 G20 정상회의 개최국과 의장국을 겸함으로써 아시아의 변방에서 벗어나 세계의 중심국가로 도약하게 되었다.

세계 각국 정상들과 보좌관들이 한국을 찾아오면서 행사 몇 달 전부터 주최 측인 정부는 각국 정상들의 경호와 신변 안전에 큰 노력을 기울였고 이에 대한 대책 마련에 고군분투하고 있는 모습이었다. 회의 기간 중 이틀 간 삼성동 주변에 대한 교통 통제를 강화하고 서울 전역에는 자동차 2부제가 실시되며 코엑스 일대 일반 차량은 전면 차단하고 지하철 2호선 삼성역 역시 코엑스와 연결된 구조적 특성 때문에 삼성역을 지나는 지하철을 모두 무정차 통과시키겠다는 계획도 발표되는 시점이었다. G20 정상회의 때문에 웅성웅성해도 사고가 발생되지 않는다면 국과수와는 별로 상관없는 일이라 생각했다.

하지만 9월 대통령 경호처에서 한 통의 전화가 걸려 왔다. 경호관이었는데 G20 서울 정상회의 때 방문하실 VIP를 위해 여러 가지 일어날 수 있는 안전사고에 대한 유형과 대책을 구상하고 있는데 좀 도와줄 수 있는지에 대한 내용이었다. 어쨌든 안전사고를 담당하고 있는 나에게는 매우 흥미로운 이야기였다. 국과수에서 정상회의 때 관여했던 부분은 주로 식품연구실이었는데 VIP 식사 시 음식을 먼저 검사한 후 이상이 없는지를 체크하는 분석관 역할로 주로 참석했던 것으로 알고 있었다.

일단 흥미를 가지고 자세한 이야기를 들어보기로 했다. 덕분에 경호처를 방문했고 경호처 구석구석까지 투어하는 경험을 하게 되었다. 오히려 경호처에서는 국과수에 대한 환상을 많이 가지고 있는 것 같았다. 뭔가 첨단으로 된 장비와 시설이 많을 것으로 생각하고 있던 것 같았다. 안전본부장님과 경호관 한 분과 함께 도와줄 업무가 무엇인지에 대해 이야기를 나누었다. 그런데 이야기를 듣고 나니 더욱 흥미가 유발되었다.

내용인 즉, VIP가 탑승하고 있는 승강기가 갑자기 원인불상으로 추락한다면 경호관들이 어떻게 해야 VIP를 보호할 수 있는지에 대한 물음이었다. 경호관들은 하나의 탄성체, 즉 VIP를 보호하기 위한 일종의 물체로 보고 VIP의 충격이 최대한 완화될 수 있는 포즈를 구상해달라는 것. 사실 대답은 간단했다. 승강기가 추락할 때 승강기 바닥에 경호관이 눕고 VIP 상부와 측면을 감싸면 제일 완충 효과가 크니까 제일 안전하다 할 것이다.

다만, 경호관들의 생명은 장담할 수 없고 심각한 인체손상을 유발할 줄 모른다. 그런데 쉽게 그 말을 뱉어낼 수는 없었다. 가족이 있고 인권이 있는 대한민국의 건장한 청년을 제품으로 보고 이 계획을 짜야한다는 것을. 한 경호관이 그때 말을 건넸다. “우리들은 죽어도 좋으니 아무 생각도 하지 말고 오직 VIP만 생각해주셨으면 합니다.” TV에서 볼 때 정말 멋있게 보이고 늠름하던 대통령 경호관들에게 그 말을 들으니 그분들이 대단하고도 안쓰럽게 느껴졌다. 국과수 사고조사 분야도 많은 위험을 안고 살지만 경호관들은 목숨을 내어 놓고 국가를 위해 일을 하고 있는 것이었다. 하지만 돌아올 때 건네준 경호처 표식 기념품에는 한 국가의 원수를 경호한다는 그들 자신의 자랑스러움과 자부심이 담겨 있었다.

뭔가 나도 그 헌신에 공헌하고 싶은 마음이 들었고 짐작이 아닌 여러 조건을 설정해서 이를 공학 시뮬레이션을 이용해 어떤 포즈에서 어느 정도의 충격량이 발생하고 이를 완화하기 위한 최적의 조건을 도출하기로 마음먹고 연구소로 돌아왔다. 최고 20층을 기준으로 5층씩 층을 나누어 추락할 때 자유낙하 속도를 구하고 인체 동역학 상용 프로그램인 마디모를 이용해서 경호관들의 평균 신장과 몸무게 등을 고려해서 경호관들이 일어나있는 경우, 누워있는 경우, 에어매트를 사용하는 경우 등을 설정해 시뮬레이션을 진행했다. VIP에게 상해가 일어난다면 각 조건별로 인체 부위 중 어느 부위에 상해가 심할지 등에 관해서도 기술했다.

결과는 처음 경호처를 방문해 질문을 들었던 당시 짐작했던 대답과 크게 다르지 않았다, 그 후 감정서 설명을 위해 다시 경호처를 찾았을 때 담당 경호관 도움으로 청와대 구석구석을 돌아볼 수 있는 시간을 가졌다. 일반인들이 투어하는 코스와는 별개의 코스였고 중요한 시설까지 돌아보고 나오는 귀중한 경험을 한 것이다. 다행히 행사는 무사히 치러져 행사 기간 동안 안전을 위협할만한 사건은 발생하지 않았다. 곳곳에서 한국인을 비롯해 외국인들이 참가한 G20 반대 집회가 열리기는 했으나, 큰 충돌 없이 행사를 마칠 수 있었다. 많은 분들이 행사를 진행하느라 고생하셨는데 안전 대책에 기여한 공로를 인정받아 경호처장 표창까지 수상하는 영예를 안았다. 지금도 문득 청와대 뒷산을 등산할 때면 그때 새롭고 흥미로웠던 기억이 떠오르곤 한다.

요즘 쓰리 데이즈라는 대통령과 경호관을 다룬 드라마가 큰 인기를 얻고 있는데 드라마를 보는 시각이 각본 부분도 있지만 경호관들에 대해서는 아마도 일반인들보다는 남다른 느낌이 들었다. 국과수를 배경으로 싸인이라는 드라마가 인기를 끈 시절이 있었다. 당시 서울 본원에 근무했던 나로서는 그 또한 남다른 느낌이었다. 주연급 연예인들이 주말마다 연구소를 찾아와 촬영을 하니 연예인과 사진도 찍고 그들을 가까이 볼 수 있는 기회도 있었지만 우리 연구소 연구원들의 삶을 다루는 드라마인 만큼 우리의 역할이 어떻게 그려질지. 일반인들에게 어떻게 보일지. 실제 우리 삶과 어느 정도 비슷한 부분을 그려낼지 등에 대해 관심이 매우 높았다, 물론 두말할 것도 없이 그 드라마를 통해 국과수 이미지가 많이 상승된 건 사실이었다.

로고를 NISI에서 NFS로 바꾼지 얼마 되지 않아 로고를 어떻게 홍보할지에 대해 고민하고 있던 간부진들에게는 본 드라마는 돌

파구와 같았을지도 모른다. 어쨌든 어떤 역할을 다루는 드라마의 경우는 아무래도 그 역할을 환상적으로 만드는 허구가 많은 것 같다. 뒤에 알게 된 내용이지만 경호관들은 정규직 경호관과 경찰 입문 시 들어오는 101 경비단 소속 등으로 나눠는 것 같았다. 정식 경호관을 제외하고는 어느 정도 나이가 되면 경찰 일선으로 나가야되는데 경찰 업무에 대해 아무것도 모른 채 투입이 될 수 없기 때문에 국과수나 경찰 기관에서 어느 정도의 교육을 수료한 후 일선으로 배치되는 것 같았다. 그 때 국과수에서 교육을 받던 경호관들의 당당했던 모습이 지금도 기억이 난다.

타워크레인 붕괴와 마포 주상복합

최근 아파트 추세는 상가, 헬스장, 주거의 개념을 한 건물 내에 모두 모아 그 안에서 모든 생활이 이루어질 수 있도록 건설하다보니 건물이 하늘로 점점 올라가는 고층 주상 복합 아파트 컨셉이 활성화되고 있다. 이렇듯 건물이 고층으로 올라가면서 많은 장점을 가지고 있으나 또한 화재 등의 안전사고 발생 시 진압을 위한 접근이 어렵다는 단점이 있으므로 영화 '타워'에서 보듯이 안전에는 매우 취약하여 이로 인한 큰 재앙은 항상 잠재되어 있다.

삼성동 아이파크 LG 헬기 추돌 사고에서도 보듯이 초고층 건물의 경우는 건설 후에도 관련 안전사고가 끊임없이 발생하고 있다. 건설 후의 안전도 문제지만 초고층 건물 건설 공사 현장에서도 고층 건축을 위한 여러 중장비 등이 동원되면서 중장비 결함 등으로 인한 사고도 지속적으로 발생하고 있다. L건설에서 건설하고 있던 제2 롯데월드 공사장에 발생되었던 여러 차례 안전사고만 봐도 공사장 안전의 심각성을 들여다볼 수 있을 것이다. 홍대 근처 또 하나의 랜드 마크 아파트로 관심을 모았던 서교동 한 고층주상복합 아파트 공사 현장도 안전 사각지대에서 예외는 아니었다.

2010년 10월. 랜드 마크 아파트 공사 현장으로는 걸맞지 않은 안전사고가 발생했다. G건설 서교 주상복합아파트 공사현장에서 타워크레인이 스윙 작업 중 붐대가 180도 회전하여 동 장소에 있던 인접 타워크레인과 부딪혀 충돌하면서 작업자 2명이 사망한 사고가 발생했다. 당시 타워크레인 사고를 접한 경험은 주로 지지 와이어로프가 파단되어 적재물이 추락하는 경우였고 예외적으로 크레인 상부에 설치되어 있는 운전석 내에서 운전자가 감전사로 사망한 경우 정도였다.

지금도 그 감전사를 조사할 당시의 아찔한 기억이 생각난다. 일반인들은 한 번도 가기 힘든 타워크레인 최상부 운전석을 안전장구 없이 몇 번 왔다 갔다 했고 더욱이 감전사를 규명하기 위해 크레인에서 쭉 뻗어 나와 있는 지브 위를 안전장비 없이 왔다 갔다 하며 모터 절연 여부를 측정하였으니 다시 재현하라고 하면 아무래도 하긴 힘든 행동이었다. 그만큼 그땐 아무것도 몰랐던지, 아니면 진실을 밝히겠다는 의지가 강했던지 둘 중 하나였던 것 같다. 본 사고도 일단 타워크레인이라는 단어를 듣고 가는 도중 마음이 편안하지는 않았다.

현장에 도착했을 때 붕괴 타워크레인은 상부 본체가 지상에 추락하면서 주위 건물과 충돌하여 건물 콘크리트 잔해와 함께 여러 구조물 등이 공사장 바닥에 혼재되어 있었다. 지상에 추락한 타워크레인 상부 잔해는 12층 건물 정도 높이에서 추락하여 형태를 알아볼 수 없을 정도로 심하게 변형되거나 손상되어 있는 상태였다. 일단 간략하게나마 주위를 둘러본 결과, 추락한 본체 부위를 확인하지 않고는 아무것도 단정할 수 없어 크레인 꼭대기에 접근해야 한다는 생각이 들었다. 물론 생각만 들었지 선뜻 오르려니 처음에 열정처럼 쉽게 발이 떨어지지는 않았다. 걸어서 올라가면서 두려움을 없애기 위해 건설 관련자분에게 농담이 섞인 한마디 질문을 건넸다. "서울 한복판에서 사망 사고가 발생했으니 아파트값 무지 떨어지겠네요." 그러니 의아하다는 듯이 대답했다. "에이... 일반인들은 시간 지나면 사고는 금방 잊어버려요. 한번 지켜보세요. 이 아파트 값 떨어지는지." 지금 현재 이 아파트값은 주변 아파트에 비해 조금도 뒤처지지 않게 매매가가 형성되어 있다.

크레인 추락 꼭대기에 도달했을 때 바람이 몹시 심하게 불었던 것 같다. 그런데 의외로 특이점을 식별하는 데는 오래 걸리지 않았다. 아마도 특이점이 눈에 들어오지 않았다면 그 위를 또 얼마나 오랫동안 머물러야 될지도 몰랐다. 본체, 즉 마스트 부위를 고정하고 있던 볼트 구멍 중 구멍 부위에 부식이 심한 부분이 눈에 들어 왔고 변형 또한 동반되지 않은 상태였다. 구멍 내에 볼트가 체결되어 있었다면 구멍 내 부식 형태가 크게 나타나지 않았을 것이고 전도 시 변형이 크게 동반되었을 것이다.

다음은 본 부위의 체결 볼트를 찾는 작업. 건설사 측에서 사고 전 체결이 되어 있었다고 우기면 증거물이 없는 이상 미체결 상태를 밝힐 방법이 없었다. 하지만 붕괴로 인해 구조물 등이 비산된 상태에서 볼트를 찾기란 쉽지 않았다. 당연히 체결이 되어 있지 않으니 볼트가 식별되지 않지만 변형이 없고 손상되지 않은 볼트를 찾는 게 관건이었다. 다행히 파단되고 변형된 구조물 내에서 외부가 심하게 부식되어 있는 볼트 3개를 발견했다. 이 볼트들은 파단은 되어 있었지만 파단부가 부식되어 있는 상태이므로 사고 당시 파단된 형태는 아니었다. 이제 관련자들을 불러 자세한 진술을 들어보기로 했다. 처음에 볼트 체결 상태가 정상이었다고 당당히 이야기하던 관련자도 볼트를 찾은 후에는 한 발 물러서는 느낌이었다.

말씀인 즉, 원래 체결은 되어 있었는데 파단이 되어 그냥 구멍에 끼워만 놓았다는 이야기였다. 또 한 번 꼬집으며 물었다. "그냥 끼워만 놓은 상태면 전도 시 구멍에 약간의 변형이 왔을 건데 왜 변형이 없어요." 잘 모른다는 입장이었다. 일단 볼트를 수거해 실험실에서 정밀분석을 하기로 했다. 예상했듯이 파면에는 피로파괴 형태가 나타났다. 그럼 운행 중 볼트 피로로 인한 파단이 원인이 된 것인가? 우리는 좀 더 상세히 들여다보기로 했다. 왜냐하면 피로 상태를 식별하고도 교체를 하지 않은 건설사측도 문제지만 볼트를 제작하는 업체의 과실도 있다는 느낌. 미세 조직을 찍고 기계적 특성 검사를 수행하였다. 그런데 상상치도 않았던 볼트의 열처리 결함과 이로 인해 기계적 특성 성능이 저하되는 특이점이 식별되었다. 건설사 과실로 정리될 수 있던 사건이 볼트 제작사 과실까지 물을 수 있는 범위까지 넓혀졌다.

감정서를 내보낸 후 검찰을 통해서 관련 공단의 질의가 쏟아졌다. 사실 관련 안전 공단의 경우 당시에는 볼트 제작 결함까지 밝혀낼 수 있는 전문인이 부족하여 이를 밝혀내기에는 쉽지 않았을 것이라 생각되었다. 이 일을 하며 항상 느끼는 일이지만 모르는 걸 틀렸다고 표현하는 사람들이 꽤나 많다고 생각했다. 나는 감정의 신뢰성을 보장하기 위해 본 사고를 케이스 스터디 형식으로 여러 가지 분석 내용 등을 논문형식으로 기술하여 국제저명학술지에 투고하여 등재되는 쾌거까지 거두었다. 국과수 결론이 틀리지 않았음을 보여주는 좋은 예 일 것이다.

내가 국과수에 입사하기 전 국과수 이공학분야는 국과수에서 주최하는 한국법과학회를 제외하고는 논문을 발표한 적이 없었다. 이유는 보안 문제 등 여러 가지가 있지만 입사 후 살펴보니 감정에 대한 각 분야 전공자들의 시시비비한 논쟁의 씨앗조차 만들지 않기 위해서였던 것 같다. 하지만 법공학 분야는 법과학 분야하고는 달리 사고에 대한 해석에 공학적 기법과 기술들이 많이 들어가고 전문가 수준에 따라 해석을 달리하는 경우가 많기 때문에 이공학분야 감정 신뢰성을 높이기 위해서는 중요 사건에 대해서는 반드시 논문으로 이를 제출하여 검증을 받음으로써 전체적인 국과수 감정의 객관성과 신뢰성을 높일 필요가 있다고 판단했다.

안전사고를 조사하며 베이스타운 리프트 추락사고 조사에 대한 케이스 스터디 형식의 논문을 시작으로 우선 안전 관련 학회에 논문을 제출하기 시작했다. 그 후 많은 분들이 이에 동참하여 정보공유 등의 목적으로 관련 다수의 학회에 참석하고 논문을 발표하고 있다. 이젠 국내를 넘어 국제적으로 인정받는 글로벌 수준의 연구소로 거듭날 필요가 있다고 판단하여 국제 학회에도 논문을 발표하고 있다. 이를 통해 국과수 이공학분야 특히 안전 분야의 발전에 조금이나마 기여했으면 하는 바람이다.

가정용 보일러 질식의 위험

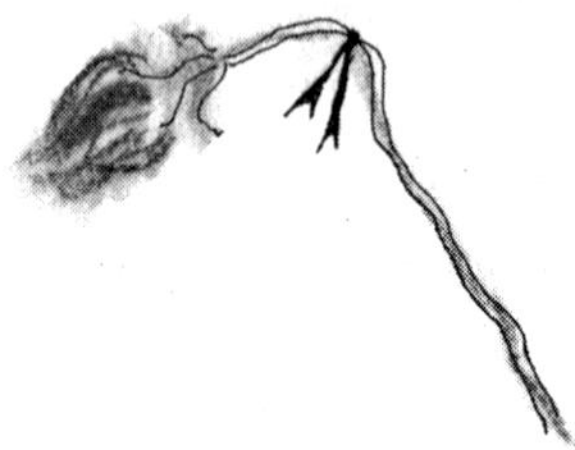

가끔 언론에서 가정에서 사용하는 가스보일러로 인한 일산화탄소 중독사망 사고 소식이 들려온다. 보통 아파트나 가정에서 사용하는 가스보일러는 LNG나 LPG 등을 연료로 사용해서 냉수를 공급하고 연소실을 통해 온수로 데워 방이나 목욕탕에 공급하는 구조를 주로 제품에 관한 개발이 이루어지다보니 사용상 크게 문제를 일으키지는 않는다. 하지만 보수나 보일러 작동 불량 등으로 인해 배기구가 본체에서 이탈되면 배기가스가 집안에 바로 체류하기 때문에 그 위험성은 아주 크다고 할 수 있다.

보통 가정에서 보일러실은 공간을 별도로 두어 사용하기 때문에 자주 들여다보지 않아 배기구가 이탈된다 하더라도 이를 인식하기란 쉽지 않다. 인식할 수 있는 방법은 주로 가스 냄새에 의존하게 되는데 이를 인식하는 것도 일반인들은 여의치 않다. 또한 보일러 보수가 전문가가 아닌 아르바이트나 일용직 분들이 담당하다 보니 보수 후 뒤처리 불량 등으로 인해 가스가 누설되고 보일러가 이상 연소를 하게 되는 원인을 제공하기도 한다.

2010년 12월 밀양의 대단지 고급 아파트에서 일가족 일산화탄소 질식 사고가 발생했다. 경우가 좀 심각해서 1명의 사망자까지 발생했다. 문제는 L건설에서 분양되는 대단지 아파트에 L기공에서 제작한 가스보일러를 일괄 설치하였는데 사망사고 발생 후 파악해보니 모든 아파트에서 보일러 이상연소 형태가 식별된 것이다. 물론 L건설 및 L기공의 경우는 처음엔 자신들의 책임을 면하기 위해 제조사 문제가 아니고 사용상 사고가 발생한 것으로 이 사고를 접하는 모습이었다. 제조사의 연구팀과 A/S 베테랑 직원을 투입해서 우리가 조사하는 내용을 그저 지켜보고만 있는 상태였다.

그러던 중 사고 현장 보일러 본체에서 배기통이 이탈되어 있는 특이점을 식별해냈다. 중요한 건 이 원인이 가스 누설을 일으킨 것은 맞지만 일반적으로 완전 연소를 하게 되면 이산화탄소가 나오기 때문에 일산화탄소 질식을 유발하기는 힘든 상태였다. 배기구가 이탈되어 있고 부검 결과 일산화탄소 중독사로 판명이 난 상태라 가스보일러 자체 이상 연소에 초점을 두고 조사를 시작했다. 일단 실험이 가능한 한국가스안전공사 실험실로 감정물을 옮기고 여러 가지 실험을 통해 본 보일러의 이상연소 형태와 이로 인해 배기통이 이탈될 수 있는지 여부에 관해 조사하기로 했다. 감정물은 외관상 큰 이상이 없어 보였고 외부 덮개를 열고 물탱크, 순환펌프, 열교환기, 가스밸브, 점화스위치 등의 내부 장치를 검사한 결과, 연결부 및 장치 본체에서도 특이점은 식별되지 않았다.

다음은 감정물인 가스보일러에 장착되어 있던 배기통을 고정하고 있는 접속홈 삽입 오링과 접속부 특이점을 살펴보았다. 그 역시 사고와 관련된 특이점은 식별할 수 없었다. 외관상 이상 연소를 일으킬 수 있는 특이점이 식별되지 않았기에 우린 다시 한 번 이 보일러가 설치되었던 이력 등에 관해 수사 내용을 면밀히 살펴보기로 했다.

우리 직감이 맞았을까 내용을 살펴보니 사고 가스보일러는 처음 설치 시에는 연료를 LPG로 사용하다가 후에 작업을 통해 LNG로 변경된 특이이력이 눈에 들어 왔다. 가정용 가스보일러는 간단 작업으로 동일 보일러를 이용해 연료로 LNG와 LPG 모두를 사용할 수 있지만 그 간단 작업을 잘못하게 되면 이상연소를 발생시키고 이로 인해 다량의 일산화탄소가 발생하게 된다. 나는 일단 대충의 사고 히스토리를 머리로 생각한 후 감정물 장치를 변경시키기 전에 이상연소가 재현되는지를 우선 실험하기로 했다.

사고 보일러는 가동한 지 불과 수 분이 지나지 않아 불규칙적 굉음을 동반한 이상연소 형태가 나타났고 이때 일산화탄소 발생량을 측정해보니 수 만ppm, 치사량에 충분한 가스가 분출되는 현상을 목격했다. 실험실은 금세 일산화탄소로 가득 찼고 우린 환기를 시킨 후 다시 재현 실험을 진행했는데 그 현상은 지속적으로 반복되었다. 그제야 멀찌감치 떨어져서 구경만 하던 제조사 엔지니어가 말문을 열었다. “어, 이상하네. 왜 이러지.” 나는 좀 더 구체적으로 이 현상을 파악하기 위해 요청된 보일러 매뉴얼을 들여다봤고 컨트롤러 스위치가 어떤 종류의 연료를 사용하게 설정이 되어 있는지를 살펴봤다. 컨트롤러 스위치는 보일러가 예상대로 LNG 연료로 변경 사용했음에도 불구하고 모든 설정은 LPG 연료 설정에 맞추어져 있었다. LNG와 LPG는 연료와 공기의 혼합비 등이 다르기 때문에 반드시 연료 변경 시 설정을 바꾸어져야 되는데 이를 지키지 않은 것이다.

다음은 컨트롤러 스위치와 함께 연료 변경 시 교체해줘야 되는 노즐을 살펴보았다. 마찬가지로 노즐 또한 LPG용 노즐이 장착되어 있었다. 상황의 심각성을 판단했는지 그때서야 제조사 A/S팀 팀장이 낮은 자세를 취하며 나에게 다가왔다. “우리가 그렇게 설정을 해놓았을 이유가 없는데 분명히 제대로 작업을 했는데”라고 하며 일부 자신들 잘못을 인정하는 느낌이었다.

조사를 해보니 동일 보일러가 설치되어 있던 대단지 아파트 모두에서 이런 보수 결함이 발견되었다. 본 사고는 1명이 사망하는 사고로 끝났지만 대단지 아파트 보일러에서 이런 현상을 나타내는 가구가 많았기에 잘못하면 대형 참사를 일으킬 수 있는 매우 위험한 상황이었다. 제조사의 안전 불감증. 제대로 되지 못한 작업. 그리고 무지한 작업자. 생각만 해도 아찔한 사고지만 우리 곁에서 지금까지도 벌어지고 있는 사고 중 하나라는 것이 더욱 안타까울 뿐이다.

본 사고가 났던 아파트는 속칭 밀양에서 콧방귀 좀 뀐다는 분들이 사시는 아파트라고 한다. 아마도 아파트값 하락. 시위 등을 문제 삼아 건설사와 제조사는 적절한 보상으로 이를 입막음했을지도 모른다. 하지만 이렇게 묻어져 버리면 동일한 사고가 다른 곳에서 언제 일어날지도 모른다. 간단한 사망사고로 처리하다 보면 정부 부처, 관련 기관 또한 신경 쓰지 않고 쉬이 지나가버리게 되는 게 지금의 현실이다.

그러나 우리사회는 안전사회, 안심사회에서 그만큼 점점 더 멀어져 안전하지 못한 시대를 우리 후세대까지 반복적으로 대물림해 내려가야 한다는 사실을 다시 한 번 생각했으면 한다.

고드름 추락사

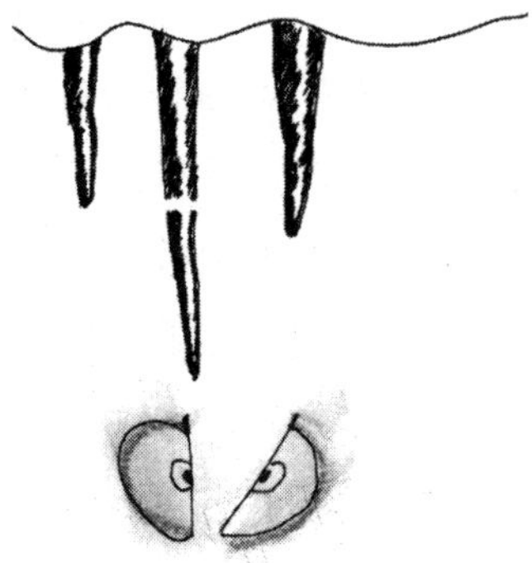

일반적으로 건설현장에서 물건의 추락사고, 또는 산업현장에서 기계 장비들과의 협착 등으로 인한 인체 손상 사망사고는 해마다 재해율이 떨어지지 않은 채 지속적으로 발생하고 있다. 교통사고의 경우도 인체 사망 및 부상사고가 많이 발생하는데 이 경우 사고 현장 도착 시 대부분 인명 구조 등을 위해 피해자가 병원으로 후송되든지, 도로 정체 등의 이유로 현장이 훼손되어지므로 사고조사를 하는 조사자의 입장에선 증거를 확보하기란 쉽지 않다. 이렇듯 대물보다 대인 보상이 큰 교통사고는 이를 악용한 보험사기 등이 다수 발생하고 있으나 운행 중 교통사고의 대부분은 인체가 대상이 되는 사건이므로 사람을 대상으로 실험을 한다는 것이 거의 불가능하기 때문에 정확한 사고의 메커니즘, 피해 정도를 밝혀내는 것이 쉽지만은 않은 싸움이다.

예를 들어 10km/h 속도로 달리는 차가 앞차와 충돌했을 경우 큰 인체 피해는 없을 것으로 생각하지만 앞차 운전자가 다리를 절뚝거리고 나와 이 충돌로 인해 자기가 이런 상해를 입었다고 주장했을 때 이를 보험사 사고조사팀이 과연 어떤 논리를 펴서 검증할 수 있을까? 사례비를 주고 앞차에 실험맨을 태워 속도별로 인체 상해를 조사하는 것이 제일 좋은 방법이나 이를 과연 지원할 실험맨이 있을까? 있다하더라도 상해라는 것은 사람마다 느끼는 정도가 다르고 의학적 소견도 의사마다 다르기 때문에 이를 검증하는 것은 결코 쉽지 않다. 하지만 인체 손상의 경우는 상해 정도에 따라 보상 금액이 큰 차이를 나타내므로 누군가는 객관적, 투명적으로 이를 검증할 수 있는 방법을 고안해내야 한다.

국과수의 경우는 법의학팀과 법공학팀이 함께 존재하고 학교와는 달리 실제 사건에 대한 경험이 많기 때문에 이를 검증하기엔 국내에선 유일한 기관이 아닌가 싶다. 보험회사 몇 곳에서 보상비를 줄이기 위해 인체 손상에 관한 연구가 일부 이루어지고 있으나 객관성 및 투명성이 담보되지 않기에 관련 프로그램 등을 개발을 하고도 국과수를 찾아와 공동 연구 개념으로 국과수 마크를 넣기를 원하기도 한다. 그만큼 국과수라는 브랜드는 아직까지는 일반인들에게 신뢰감을 줄 수 있는 영향력이 있는 표식임은 분명한가 보다.

2011년 1월 인체손상과 관련된 흥미 있는 사건이 접수되었다. 구로의 한 아파트 대단지에서 피해자가 인도 위에 누워 머리에 피를 흘리며 신음하고 있는 것을 길을 지나던 행인이 신고를 해서 피해자를 병원으로 후송하였으나 결국 사망하는 사건이 발생했다. 변사자는 머리에 원형 형태의 물건에 맞아 두개골이 파손된 상태였으며 이 손상이 사망의 주원인으로 판단되었다. 문제는 경찰 출동 당시 변사자 주변에서는 추락 충돌 물체로 추정할만한 어떠한 물건도 발견되지 않았다는 점. 그럼 누군가 공구나 흉기로 공격하고 사망한 후 여기에 유기해놓았다는 이야긴가. 그러기에는 발생 시간이 오후 14시 경이라 사람의 움직임이 많은 아파트에서 사체를 유기한다는 것은 말이 안 되는 상황이었다.

나는 경찰과 함께 주변 CCTV를 탐문하기 시작했다. 사고 당시 가장 밀접한 관련이 있는 영상인 인도를 직접 찍고 있는 영상은 없었으나 출입자 통제를 위해 1층 유리 현관문 방향으로 찍고 있는 영상은 발견할 수 있었다. 국과수 영상팀을 통해 화질 개선을 해보니 당시 인도 상황이 유리 현관문에 비춰진 영상을 획득할 수 있었다. 분석 끝에 우리는 인도를 지나가던 변사자 모습이 반사되어 찍힌 영상을 찾을 수 있었다. 자세히 들여다본 결과, 변사자가 길을 가다 갑자기 획 돌면서 전도되는 상태가 나타났고 전도 전후 영상을 비교해보니 전도 당시 위에서 지름 약 15cm 정도의 원형 물체가 없다가 갑자기 화면에 나타나는 특이점을 발견하게 되었다.

CCTV라 정확히 색깔을 구별하기는 힘든 상태였으나 주위 얼음들과 비교해볼 때 같은 색상을 띄는 것으로 보아 혹시 얼음이 아닐까 하는 추정까지 이르렀다. 그도 그럴 것이 사고 당시 주변에 출동했을 때 추락 추정 물체가 아무것도 발견되지 않은 점, 원형 형태인 점. 주위 얼음과의 동일 색상 등 얼음으로 추정하기에는 큰 무리가 없어 보였다. 대충 감을 잡고 난 후 다시 나는 현장을 찾았다. 역시나 아파트 최고층을 들여다보니 1월이라 날이 상당히 추워 큰 원형의 고드름이 아파트 상부에 붙어 있는 상태였다.

법의학팀의 상세한 부검 의견을 들어보니 CT 영상에 근거한 법의학적 머리손상 원인은 전도손상보다는 원형 물체에 가격된 상황이 더 가능한 것으로 추정되었으며 머리뼈의 함몰골절 직경이 약 10cm 가량인 점과 모자 안쪽 면에 각질로 추정되는 물질이 9.0×4.5cm 정도 부착된 점으로 미루어 볼 때, 머리에 작용한 충격은 그 작용 면적이 비교적 넓었던 것으로 판단되었다. 두개골 손상의 주원인이 얼음 덩어리 추락이라는 직감을 더욱 뒷받침해주는 결과였다.

다음은 정말 법공학자들의 몫이었다. 그럼 과연 이 얼음 덩어리 추락으로 인해 두개골 손상이 나타날 수 있는가를 검증하는 부분이었다. 두개골은 기계적 제품으로 보았을 때 매우 물성치가 불균일하고 사람마다 나이에 따라 성별에 따라 큰 차이를 나타내므로 정확한 측정 방법은 성별, 나이별로 실험맨을 모아 실험하는 방법인데 과연 누가 큰돈을 준다 해도 이 실험에 참여하겠는가. 그만큼 인체 손상을 분석해내는 기술은 쉽지 않고 여러 공학적 방법이 복합적으로 동원되어야 하는 기술이기도 하다.

나는 처음으로 여기에 인체 손상 분석을 위해 공학 설계에서 주로 쓰는 F.E.M.(Finite Element Method), 즉 유한요소법이라는 시뮬레이션 기법을 도입했다. CT 영상을 찍어 변사자의 두개골을 직접 촬영한 후 공학적 방법으로 손상된 두개골을 원상 복원했고 이를 구조해석 프로그램으로 가져와 실제 실험이 불가능한 부분을 공학적 시뮬레이션으로 대체하는 기술을 적용하였다. 얼음 덩어리의 경우는 일반 얼음 물성 등을 문헌에서 찾아 적용하였고 두개골 물성 데이터는 실제 부검 시 사용되었던 사체의 두개골을 유족 동의를 얻어 측정하였다.

한 층의 층높이를 2.5m라 가정하고 몇 층에서 얼음 덩어리가 낙하하면 두개골이 손상될 수 있는지를 여러 경우를 만들어 시뮬레이션 하였다. 그 결과, 직경 10cm의 얼음 덩어리는 아파트 4층 정도 이상에서만 낙하하면 두개골이 파손될 수 있다는 결론에 이르렀다. 인체 손상 해석 분야는 지금도 국과수에서 많은 공을 들이고 있는 부분이기도 하다. 전문 영역이 크므로 일반 보험사에서 사고 조사를 하는 분들 등 누구나 건들일 수 있는 부분이 아니기에 그 또한 국과수 입장에선 중요한 연구라고 사료되어 진다. 그러므로 인체 손상 분석 기술의 향상으로 좀 더 명확한 원인 규명을 통해 억울한 사람이 없는 세상이 구현되기를 바라는 바이다.

폭발!
범죄인가 사고인가

가스 사고는 다양한 원인에 의해 다양한 유형으로 빈번히 발생한다. 국내 가스 사고의 6대 사고 종류는 가스보일러 설치 잘못 및 기기 노후, 결함 등으로 인한 가스보일러 사고가 가장 많이 발생하며 그 뒤를 이어 다툼으로 인한 가스 호스 절단 등의 고의 사고, 다음은 과대불판 및 열원 주변에서의 이동식 부탄연소기 사용에 따른 부탄연소기 폭발 사고, 이사 등으로 인한 연소기 철거 및 배관 공사 후 막음조치 미비로 인한 막음조치미비 사고 등이 그 뒤를 잇는다. 하지만 대부분 고의성을 동반하지 않는 사고 형태로 일부러 호스 절단 등으로 인해 남을 해할 목적으로 범하는 범죄 사건의 형태로는 잘 발생되지 않는 편이다. 하지만 본 지에선 가스폭발사고 중 단언하기는 힘들지만 고의성이 전제된 범죄 사건에 가까운 형태의 사고를 소개할까 한다.

2011년 4월 4일. 안양에 있는 한 안경점에서 가스폭발로 추정되는 사고가 발생했다. 상가 밀집 지역임에도 불구하고 다행히 사망에 이르는 인명 피해는 없었고 주변 상가도 크게 피해를 입지 않은 상태였다. 사고 개요를 살펴보면, 피해자가 출근하여 사고 현장인 안경점 출입문 잠금장치를 해제하려 했으나 열리지 않아 잠금장치를 파손하였고 이후 내부로 들어와 배전반의 차단기 스위치를 켜는 순간 펑하면서 폭발을 동반한 화재가 발생한 것이다.

사고 현장은 통유리로 된 출입문 양쪽 중 우측 출입문과 도로와 접해 있는 측면 통유리가 폭발로 인해 전파된 상태였고 출입문 전면 기준 중앙에 위치한 배전반 주변에서 화재가 진행돼 전파되어 출입문과 측면 유리를 통해 확산된 형태를 나타내었다. 배전반이 설치된 공간 아래 별도의 지하공간이 존재하고 폭발로 인해 일부 석고 벽이 파손된 상태였다. 지하공간으로 향하는 계단에서 수십 개의 부탄가스통이 식별되었으나 모두 사용하지 않은 새제품으로 특이점은 식별되지 않았다. 또한 사고 현장 내부에 이동식 부탄연소기 및 부탄가스통 이외에 가스 및 가연성 관련 시설은 존재하지 않은 상태였다. 인접 1층 건물과 2층 건물에 LPG 용기 및 배관, LNG 배관 등의 가스 공급과 저장 시설이 존재하나 사고와 관련된 특이점은 전혀 식별되지 않는 상태였다.

즉, 현장을 둘러본 1차 소견은 폭발 형태는 분명히 가스 폭발의 형태가 맞지만 내부에 폭발을 일으킬 만한 가스 폭발원은 전혀 식별이 되지 않는다는 것이다. 발굴 작업이 수 시간에 걸쳐 진행되었지만 폭발물 등 다른 특이점도 발견할 수 없는 상황이었다. 오직했으면 정화수 내의 메탄가스 발생으로 인한 폭발까지도 생각해볼 정도였다. 하지만 그 상가 어느 주변에도 폭발을 일으킬 만한 잠재 인자는 발견되지 않았다. 급기야 다시 한 번 사고 개요를 찬찬히 짚어가며 원점부터 다시 검토해보기로 했다. 일단 피해자가 출근하여 출입문 잠금장치를 해제하려 했으나 열리지 않은 점을 착안하여 출입문 잠금 시설부터 다시 검사를 진행했다.

그제야 뭔가 사건과 관련된 특이점이 하나씩 눈에 들어오기 시작했다. 출입문 잠금 시설은 열쇠 삽입부가 파손된 상태였고 전체 어셈블리가 출입문에서 분리된 상태로 후크부 및 표면에서 뭔지 모를 액상의 물질이 고착된 상태와 출입문 후크가 이로 인해 고정된 상태가 식별되었다. 우리는 급히 의심되는 액상의 물질을 국과수 화학분석과로 감정 의뢰했고 분석 결과, 강력순간접착제 성분이 검출됨을 알 수 있었다. 즉, 출입문 잠금 시설은 강력순간접착제 성분에 의해 강제 고정되어 사고 당일 출입문은 열릴 수 없는 상태로 되어 있던 것이었다.

그럼 강력접착제에 의한 출입문 고정과 내부에서 전혀 식별되지 않는 가스 폭발원 그리고 폭발 사고는 대체 어떠한 연관성이 있는 것일까? 누가 도대체 전 날 저녁 퇴근 전까지도 출입이 이루어지던 출입문을 누가 왜 접착제까지 사용하며 열 수 없게 만든 것일까? 참 많은 생각이 들었다. 좀 더 상세 내용을 파악하기 위해 우린 이 사실을 기반으로 현장에서 관계자 등을 대상으로 여러 가지 질문이 이루어졌다. 안경점 출입문은 당시 보안업체에서 카드키를 이용해 사용하는 방식으로 본 출입문을 열기 위해서는 카드키가 반드시 필요하고 출입 기록은 보안업체에 데이터베이스에 의해 관리되고 있었다.

카드키는 안경점을 공동 투자한 두 사람이 하나씩 나누어 가지고 있었고 특이한 점은 몇 달 전부터 두 사람이 사업 문제 등으로 법정 다툼 중이었으며 두 사람 중 피해자가 가지고 있던 카드가 사고 전날 저녁과 사고 당일 사고 발생 시간 몇 분 전에 안경점을 출입한 기록이 있는 것이었다. 누가 봐도 뭔지 모를 이상한 냄새가 났다.

피해자는 병원에 있는 상태라 직접 더 상세한 이야기는 듣기 힘든 상황이었다. 피해자가 카드를 잃어 버렸다는 이야기 등도 들려왔으나 당시 확인할 방법은 없었다. 피해자가 병원에 있는 상황에서도 공동 투자자는 현장에 나와 피해자에 대해 별로 좋지 못한 이야기를 늘어놓는 걸 보니 내용의 신뢰성은 그리 있지 않았다. 이상의 상황을 모두 종합해볼 때 우리가 추정해볼 수 있는 가정은 누군가가 가스통을 사고 전날 들고 들어와 가스를 개방시켜 놓은 후 아무도 들어오지 못하게 출입문을 접착제로 고정시키고 사고 발생 몇 분전에 다시 들어와 들고 나갔으며 피해자가 배전반 차단기 스위치를 켜는 행동으로 인해 가스 폭발이 발생한 것 외에는 그리 다른 상황을 추정해볼 경우의 수가 나오지 않았다.

주변 CCTV를 탐문하기 시작했다. 혹시라도 가스통을 들고 왔다 갔다 하는 모습이 찍히지 않았을까. 하지만 주변에 상가는 많았지만 어느 한 카메라도 안경점 쪽을 잡고 있는 카메라는 없었다. 결국 일어날 수 있는 가능성 정도만 정리해서 감정서를 회보했다. 그 후 본 사건이 어떻게 되었는지 지금까지도 알지 못한다. 다만 본 글을 읽는 독자에게 사고 원인에 대한 정답을 구해볼 뿐이다.

내 삶의 전환점 조지아텍

2011년 연구소 생활도 5년이 지나가면서 일상의 반복에서 오는 무료함을 느끼며 새로운 시도를 해봐야겠다고 생각할 무렵. 국비 국외 단기 훈련이라는 공문이 눈에 들어왔다. 보통 국비 국외 장기 훈련의 경우는 대부분 안전행정부 본부에서 갈 사람이 벌써 정해져 우리 같은 작은 소속 기관에는 할당인원이 배분되지 않았고 단기 훈련의 경우도 일 년에 두 명 정도 연구소에서 보내온 터라 대부분이 경력이 오래된 연구관들이나 연구사들을 위로의 목적으로 보내주는 개념이었다.

글로벌을 주장하시는 원장님이 임용되신 후 분위기가 많이 바뀌었고 나도 한 번 나가서 새로운 세상을 보고 왔으면 하는 바람은 있었으나 당시 안전사고를 혼자 담당하고 있던 터라 업무가 과중되어 있어 선뜻 말을 꺼내기는 힘든 상황이었다. 하지만 마약이나 화학 분야와는 달리 이공학분야에서 단 한 명의 국외 훈련생을 보내지 못한 상황이 왠지 안타까웠고 이공학분야 선배들이 아무도 지원하지 않으면 내가 한 번 지원해보리라 생각만 가지고 있었다. 연구소 내에서는 이공학분야에 단 한 명의 국외 훈련생을 배출하지 못한 현실에 대해 다른 분야보다 무식하다는 이야기까지 나오고 있는 실정이었다. 바람이 현실로 바뀌었다. 내 마음을 잘 이해해주신 원장님과 부장님, 과장님 덕분에 영어 시험도 거뜬히 통과하고 국외단기훈련 프로그램의 일환으로 미국 조지아주 애틀랜타에 있는 조지아공과대학교(Georgia Institute of Tech.) 내 시스템 신뢰성 랩(Systems Realization Laboratory)에서 개인훈련을 진행하는 행운을 가졌다.

가족과 함께 미국 길에 오른다는 생각에 가족들도 매우 들떠있었고 첫째 아이가 미국에 가서 초등학교에 입학할 나이가 되어서 그 또한 기회라 생각했다. 우리는 여러 가지 집안일들을 정리하고 미국 연수 길에 올랐다. 초행길이라 아파트를 렌트하는 것에서부터 운전면허 습득 등 뭐 하나 쉬운 과정이 없었다. 다행히 한국에서 안식년이나 MBA 과정으로 오신 교수님과 연구원이 많아 여러 가지 도움을 받을 수 있었다.

처음에는 학교에서 생활을 열심히 해야겠다는 생각에 기숙사에 둥지를 틀었다. 그런데 다운타운에서의 기숙사 생활은 학교에 나가 있는 나하고는 달리 가족들에겐 교도소 생활이나 다름없다는 것을 한 달이 지날 때쯤 알게 되었다. 그래서 한인 타운이 구성되어 있는 둘루스 지역으로 이사를 나가기로 하고 학교에 양해를 구한 후 짐을 챙겼다.

이사하는 날 당일. 나에겐 엄청난 해프닝이 있었다. 이삿날 아침에 남은 음식 정리차원에서 몇 개 남지 않은 쥐포를 구워 먹어

없애려고 오븐에 아내가 쥐포를 넣은 후 이사와 관련된 통화 중이었고 난 짐을 챙겨보던 상황이었다. 어찌 되었겠는가? 쥐포를 오븐에 넣은 것을 모두 깜빡 잊은 터라 쥐포는 타서 기숙사 온 건물에 연기가 퍼지고 연기 감지기가 작동해서 기숙사 식구들이 비상대피를 하는 상황이 벌어졌다. 더 충격적인 것은 소방차가 10대 정도가 긴급출동하고 수십 명의 경찰들이 우리 집으로 들어 닥쳤다. 정말 어찌해야 할지 정신이 없었다. 경찰들의 화난 영어 대화법에 안 그래도 서투른 영어로 상황을 대꾸하려 하니 참 난감한 지경이었다. 다시 이런 일이 있으면 학교에서 강제 추방하겠다는 경찰관의 대화를 끝으로 이 모든 상황이 종료되었다. 다행히 우리 가족은 그날이 이삿날이라 다시 기숙사를 찾을 일은 없었다.

둘루스 지역에 대충 가족들이 정착할 때쯤 학교생활에 매진하게 되었다. 조지아공과대학교는 888년 84명의 학생으로 조지아기술학교로 설립되어 지금은 공학기술 공립 종합대학으로 발전하여 현재는 미국 35개 고등 공립 교육기관 중 하나이며 4개 연구중심 대학에 소속되어 있으며 특히, 공과계통이 특성화된 대학으로 미국 최고의 10대 공립 대학교로 선정되어 공학 및 과학 연구 분야에서 세계적 명성을 가지고 있어 세계 50위 대학에 진입할 정도로 공과계통에서 두각을 나타내고 있으며 주 캠퍼스는 애틀랜타 시내 북부지역인 미드타운에 위치하고 있었다.

내가 개인훈련을 수행했던 신뢰성 랩은 조지아텍 주 캠퍼스 내 MRDC(Manufacturing-Related Disciplines Complex) 빌딩에 위치하여 구조재료의 변형과 파괴/신뢰성과 관련된 연구 및 교육을 수행하는 최고 수준의 공학 재료 실험실로 주요 활동은 각종 특성 시험 및 모사기술을 통한 손상평가, 신뢰성 평가, 안전성 평가 부문으로 개인 훈련의 훈련주제인 금속 손상 평가를 통한 안전사고 원인 감정에 관한 연구를 수행하기에 매우 적합하였다. 방문연구를 통해 프랙토그래피 및 특성시험을 통한 구조물의 손상 평가 및 신뢰성 평가 기술, 법공학, 기계안전사고 감정관련 안전성 평가 기술 습득 및 사례 연구, 구조물 설계 및 파괴 평가를 위한 컴퓨터 이용 모사 해석 기술을 습득하였다.

연수 기간 중 미국 법공학(Forensic Engineering) 시스템을 느껴보기 위해 그 해 9월엔 미국에서 법공학분야에 최고 권위를 가지고 있는 텍사스 공과대학교(Texas Tech University)와 RWFE(Real World Forensic Engineering)사에서 주관하는 법공학 훈련 코스에도 참석하였다. 텍사스 공과대학교의 기계공학과 교수로 재직하면서 RWFE사의 CEO직을 맡고 있는 Prof. Jahan Rasty는 세계적인 법공학 분야의 권위자로 미국 기술사 및 MBA 학위를 가지고 있고 법공학 훈련 코스 및 학위 과정을 운영 중이며 상당한 비용을 받고 법공학에 관심 있는 경찰, 변호사, 보험사 조사 직원 등을 교육시키며 형사사건을 제외한 사고 관련 민사 소송의 공학적인 부분을 지원하고 있었다. 미국의 법공학자들의 자격은 공학관련 박사학위는 기본으로 하고 추가적으로 기술사 및 사고조사 관련 경험을 가지고 있어야 하며 미국에서 법공학자는 매우 매력적인 직업으로 연봉측면에서도 경력이 좋을 경우 매우 많은 수익을 보장하고 있었다.

텍사스 공과대학교의 법공학 훈련코스의 커리큘럼은 법공학론, 파손해석, 인간공학, F.E.M.(Finite Element Method)을 활용한 시뮬레이션, 사고 재구성 및 애니메이션, 제품 신뢰성 및 제조물책임법, 인체손상법, 프랙토그래피(파단면 검사)등으로 구성되어 있고 내가 참여한 과목은 법공학론으로 기계공학 석박사 과정 내에 강의가 개설되어 있었다. 수업 참관 결과 학생들의 참여가 대단하다고 느껴졌다.

나에겐 국외개인훈련은 안전사고 감정분야에 기본이 되는 간단한 손상평가에 관한 지식과 기술을 습득하는 짧은 시간이지만 미국 법공학 환경을 느끼고 돌아온 귀중한 시간이었다. 또한 우리 가족에게도 짧지만 평생 기억할 만한 경험을 안겨주었고 시간이 지난 후에도 추억을 가지고 이야기할 수 있는 특별한 기억으로 남아 있다.

발전소 수난 시대

2012년 상반기는 국내 화력발전소 안전의 수난시대라고도 과언이 아니었다. 국내 몇 개 되지 않는 화력발전소 중 충남 보령 및 태안의 화력발전소에서 작업 중이던 비계 구조물이 붕괴되어 총 3명이 사망하고, 14명이 부상을 당하는 사고가 발생했다. 화력발전소는 원자력 발전과는 달리 6.25 직후 국내 에너지 공급의 대부분을 차지하는 에너지원으로 40여년이 지난 지금은 설비가 많이 노후화되어 크고 작은 사고 등이 연일 발생하고 있다. 또한 화력발전은 석탄 등의 연료를 떼서 연소실의 열 교환을 통해 증기 등을 발생시켜 터빈 등을 돌려 에너지를 생성시키는 구조로 사용에 따른 연소실 내 슬러지 침착, 부식 등 여러 가지 정비 요소가 발생하게 된다. 하지만 화력발전에 이용되는 연소기는 일반인들이 상상하는 것보다 매우 규모가 커서 청소나 샌드블러스팅 작업 등을 하기 위해서 작업을 위한 비계 설치가 필수적이다.

보령과 태안에서 발생된 비계 붕괴사고는 비계 설치 업체도 달랐고 붕괴 되는 양상 및 운영사도 차이가 있었으나 같은 충남지역에, 그것도 화력발전소에, 그것도 붕괴사고가 같은 해 3, 4월 연속으로 발생하여 모두 인명 피해를 냈다는 점은 화력발전소 비계 설치 및 작업에 잠재적인 문제를 안고 있다고 볼 수 있다. 주로 건설현장에서는 부재 하나 하나를 조립하여 올라가는 비계 시스템을 사용하지만 화력발전소 연소실 같은 경우는 공간이 좁고 어두워서 작업 환경이 좋지 못하므로 시스템 비계라 하여 캠핑장 장비와 같이 펴는 순간 비계가 구성되어 이를 대각 브레이스(Brace) 등으로 연결하여 사용하는 방식을 주로 이용한다.

시스템 비계는 주로 아일랜드 등에서 제조한 해외사 제품을 대부분 사용하고 있으며 한 단위의 시스템 비계는 구조 평가 등이 제대로 이루어져 정해진 하중 내에서 작업이 된다면 전혀 문제가 되지 않지만 시스템 비계 간 연결하는 대각 브레이스 등이 기준대로 장착되지 못한다면 그 안정성에 치명적인 문제를 유발할 수 있다. 보령과 태안에서 발생한 비계 붕괴 사고도 시스템 비계 안정성만 맹신한 채 비계 구조에 대해 잘 모르는 작업자들이 대각 브레이스 등의 영향을 무시하고 이를 몇 개 누락시켜도 되겠지 하는 안일한 생각에 조립 작업이 진행됨으로써 큰 화를 불러 일으켰다.

비계 구조물 위에서 이루어지는 샌드블러스팅 작업 등은 큰 진동과 비계 측면 하중 등을 유발하므로 일반적으로 수직 하중에 대해 설계가 이루어진 시스템 비계에 있어 고려되지 못한 전도 문제점 등을 일으킬 수 있다. 사고 소식을 듣고 현장에 도착했을 때 화력발전소의 경비는 매우 삼엄했다. 사고가 나서라기보다는 화력발전소를 포함한 각종 발전소, 정유소 등은 국가기반시설로 분류되어 전쟁 시 제일 먼저 적의 타겟이 되는 시설이기에 지도상에 상세히 표기되지 않으며 내부 시설 및 그 존재도 국가중요시설로 분류되어 공식적으로 비밀로 취급되고 있다.

사고 조사를 하다보면 국과수 차량이 진입할 시 유일하게 신분 확인을 받는 장소가 있는데 대부분이 발전소 시설이던지, 정유 탱크 시설이다. 신분 확인을 마친 후 사고가 발생한 화력발전소 내 연소기 시설로 향했다. 화력발전소 연소기는 열효율 등을 고려하여 정비를 위한 일부 구역을 제외하고는 거의 용접부로 구성된 높이 약 46m의 탱크 형식으로 구성되어 있는데 연소기 내부는 비계가 붕괴되어 겨우 정비창 정도로 머리를 넣어 내부를 들여다볼 수 있는 상황이었다.

머리 하나 정도가 들어갈 수 있는 정비창으로 몸체를 통과시킨 후 여느 때와 똑같이 안전장구를 갖추지 못한 채 우린 언제 다시 무너질지 모르는 붕괴된 비계 위에 일단 올라섰다. 내부는 너무 깜깜해서 암흑 천지였다. 일단 나가는 것 생각 안하고 들어는 왔으나 아무것도 보이지 않으니 어찌해야 할지. 아마도 사고가 나면 언론 노출을 위해 나타나시는 정치인들에게 사고 현장에 직접 들어가서 보셔야 될 것 같다면서 같이 들어가 보시자라고 하면 얼른 줄행랑을 쳤을 것이다.

깜깜한 적막함 속에서 한참을 고민했다. 과수팀 요원에게 가장 밝은 랜턴을 건네받은 후 붕괴 형태만이라도 보고 철수해야겠다는 생각이 들었다. 비계는 붕괴 형태를 보면 타워가 완전히 붕괴된 사고는 내부 부재가 누락되어 발생되는 경우가 대부분이며 타워는 비록 전도되었지만 타워 자체가 각각 그 형상을 유지하고 있다면 연결 대각지주 등의 누락이 문제가 되므로 이를 확인하는 것이 사건의 메커니즘을 푸는 열쇠였다. 물론 국과수를 들어올 때 이를 가르쳐주는 선배는 없었다. 왜냐 내가 처음 임용 받을 때 당시에는 안전사고 조사의 대상 범위가 화력발전소 붕괴 사고까지는 아니었고 아주 좁은 범위에서 감전이나 협착 등의 산업재해를 몇 건 정도하고 있을 뿐이었다. 말 그대로 몸으로 배우고 익혀 경험을 지식으로 만든 경우라고 할 수 있다.

사고 상황을 자세히 들여다보니 보령과 태안 사고는 앞에서 언급한 바와 같이 붕괴 형태면에서 차이가 났다. 보령 사고의 경우는 타워 간 연결 대각지주가 누락된 듯 보였고 태안 사고는 비계의 조립 형태를 전혀 식별할 수 없을 정도로 완전 붕괴된 것 보니 내부 비계 부재가 많이 누락된 듯해 보였다. 대충 원인에 대한 감을 잡았지만 이제부턴 이를 어떻게 증명해 나가야 하나 하는 부분이 숙제로 남았다. 비계가 완전히 붕괴되었으므로 누락에 대한 부분을 증명하기 위해서는 일단 입고된 종류별 부재수와 실제 설치된 종류별 부재 수, 남아 있는 종류별 부재수를 비교해야 했다.

입고된 부재 수는 입고 자재 납입 내역 등이 남아 있기 때문에 확인이 쉬웠고, 남아 있는 부재 수는 화력발전소 창고 등을 뒤져 이를 발뺌하는 직원들을 뒤로하고 찾아내는 방법이 유일했다. 일단 설치된 부재 수는 붕괴는 되었으나 밀폐된 연소실 내에 갇혀 있기 때문에 입구를 막고 분리 작업을 통해 빼어내어 셈을 한다면 가능하나 장시간이 소요되는 작업으로 우선 주변 창고를 뒤져 남아 있는 부재 수를 먼저 확인하기로 했다. 창고 이곳저곳에서 역시나 남아 있는 비계 부재가 쌓여 있었다. 추가로 안전을 위해 발주한 제품이라고 하나 확인이 필요했다.

증거 인멸 등을 이야기해가며 일단 직원을 설득시킨 후 설치 후 남아 있는 부재임을 결국 확인했고 일일이 종류별로 부재 수를 세고 기입했다. 설치된 비계 부재는 붕괴 정도가 심해 절단할 부분은 절단하고 한 달 이상이 걸려 이를 확인했다. 아마도 좁은 정비창을 통해 부재가 오고 가고 작업이 이루어져야 했기에 많은 시간이 걸릴 것으로 예상했지만 예상보다는 전문가의 손을 빌려 빨리 확인 작업이 이루진 듯 했다.

확인 결과, 내가 짐작한 원인이 거의 적중했다. 비계 부재가 많이 누락된 상태가 확인됐고 더 이상 운영사에서 이에 대해서는 토를 달지 않는 상황이었다. 다음은 정말 이 부재 누락이 붕괴의 주 원인가를 증명해야한다. 그래야 부재 누락으로 붕괴가 일어났다고 정리할 수 있는 완벽한 스토리가 전개되는 것이다. 국과수 이공학 분야 감정인들은 감정을 완벽한 사실에 근거한 소설이라고도 한다. 일반적으로 소설은 허구를 담고 있지만 우리는 모든 내용이 사실에 근거한 이야기를 전개해나가는 것이다. 그리고 분명 여기에는 객관성과 투명성을 담기 위해 누구도 거역할 수 없는 스토리 전개가 반드시 필요하다.

스토리 전개가 미약하다면 그건 논리 전개에 있어 문제가 있어 감정 신뢰성에도 크나큰 영향을 미치기 때문이다. 아마도 국과수 요원들은 임용 후 전혀 전공하고 무관한 사고 조사 업무를 수행하지만 전공이 왜 중요한가가 이런 붕괴사고 등을 조사할 때 많이 느끼는 것 같다. 내가 기계공학 전공자가 아니라면 부재 누락을 확인한 것으로 감정을 끝냈을 것이다. 그래도 진실과 논리상에는 아무런 문제는 없어 보인다. 하지만 좀 더 질 높은 감정을 위해서는 부재 누락이 붕괴 사고에 미치는 영향 등을 계산해내는 것이 국과수에서 기계공학 박사출신을 뽑은 주 이유가 아닌가 생각했다.

부재 누락에 대한 붕괴 사고 영향을 파악하기 위해 기계공학에서 주로 사용하는 유한요소법을 이용해서 공학적 시뮬레이션을 수행하기로 했다. 물론 모델링 등 시간이 많이 소요되는 작업이나 이로 인해 국과수 감정서의 질이 한 걸음 앞으로 나간다면 이로써 만족할 수 있는 부분이었다. 구조 해석을 통해 결국 사고 당시 부재 누락에 따른 비계시스템의 구조 불안정 상태에 대해 검증한 후 부재 누락의 영향이 매우 큼을 확실히 확인한 후 감정서를 내보냈다. 또한 감정 신뢰성 향상을 위해 이를 한국안전학회에 발표했고 사고 재구성을 위해 공학적 프로그램을 이용한 좋은 사례로 많은 전문가들의 격찬도 받았다.

안전사고의 원인 분석 기술은 아직까지도 무궁무진하다 생각한다. 조금만 생각해본다면 얼마든지 자기가 하는 분야에서 기존 대학에서 사용된 여러 가지 방법을 원인분석기술에 활용할 수 있으리라 생각한다. 좀 더 명확하고 구체적인 과학적 사고 분석을 위해 기존기술의 활용방법에 대해 이공학도가 법공학적 관점에서도 한 번쯤 관심을 가져줬으면 하는 바람이다.

경찰 헬기와 삼척 가스 폭발

2012년 8월. 한창 여름휴가에 마음이 들떠 가족단위 또는 연인 사이로 자연을 찾아 떠나는 시즌. 여느 때와 같이 그 해 8월도 장마가 지난 후에 후덥지근한 날씨에 불쾌지수는 몹시 높아 있었다.

8월 17일 아침 출근과 함께 강원도 삼척의 가스 폭발 사고 소식이 언론을 통해서 들려 왔다. 다급한 목소리로 강원청에서도 전화가 오고 아침부터 출장 준비로 매우 분주하게 움직였다. 폭발과 함께 인접 건물 181개소의 유리창이 완파되고 부상자가 많아 강원도에서 일어난 폭발 사고 중에서는 아마도 큰 인적, 물적 피해를 동반한 사고로 보여졌다. 거리가 있는 데다 피해 규모가 커 현장 조사에 시간이 상당히 걸릴 것으로 예상하고 출장 채비를 했다. 예상대로 고속도로는 피서철 인파로 인해 들어서자마자 체증이 시작되었다. 30분 만에 한 번씩 경찰청에서 전화가 걸려 올 정도로 사고는 매우 심각했지만 물리적으로 서울에서 삼척까지 빠른 시간에 이동하는 데에는 한계가 있었다.

오후 1시쯤 영동고속도로 문막 IC를 지나고 있었다. 정확히 이야기하면 문막 IC 주변에 서있었다. 할 수 없이 내가 경찰청 헬기를 이용하는 것이 어떠냐는 아이디어를 냈고 과장님께서도 급하셨는지 알아볼 수 있으면 알아보라고 하셨다. 아침에도 헬기를 이용하는 방안이 이야기가 나왔으나 아침에는 날씨가 좋지 못해서 헬기가 뜰 수 있는 상황이 아니었다. 고속도로에 서있던 상태라 헬기가 내려 타고 갈 수 있는 장소는 휴게소 밖에 없었는데 사람이 너무 많아 그 또한 가능한 일이 아니었다. 하지만 문막 IC는 당시 국과수 동부분원이 위치하고 있어 관용차를 분원에 세워 놓고 공터가 넓은 까닭에 헬기가 내리는 것이 가능했기에 성사된 제안이었다. 헬기는 곧장 동부분원 근처 한 공터에 내렸고 우린 재빠르게 탑승한 채 하늘로 올라갔다.

삼척 도착쯤에는 밑에 깔린 구름 사이로 하강 지점이 보이지 않아 한동안 하늘에서 빙빙 돌아야만 했다. 그때 알게 된 내용이지만 헬기는 구름 사이로 보이는 부분을 보고 지상으로 하강하기에 자유롭게 막 그냥 떠서 하강하는 게 아니라는 것을. 삼척 도착 시간은 매우 늦어졌다.

오후 3시 정도가 되어서야 겨우 사고 현장에 도착할 수 있었다. 아마도 차를 가지고 움직였으면 다음날 새벽이 되어서야 도착할 수 있지 않았나 싶었다. 현장에 도착했을 때 폭발한 상가 건물은 폭발로 인해 뼈대만이 앙상하게 남아 있었다. 주변에는 피해 건물 관계자, 지나가던 구경꾼, 사고 조사를 위한 가스안전공사, 소방 등 관련 기관 종사자 등 수많은 사람들이 통제된 폴리스 라인 주변을 에워싸고 있었다. 국과수가 도착하기 전에는 진입하지 말라는 경찰 상부 지시로 우리가 올 때까지 아침부터 계속 기다리고 계신 중이었다. 죄송한 마음이 들었지만 우선 현장 진입이 먼저라는 생각에 각 기관 관련자들과 협의 후 폴리스 라인 안으로 들어갔다.

진입하자마자 폭발 상가 2층 거주자가 간곡히 부탁을 했는데 자기 상가에 현금을 넣어 둔 금고가 있었는데 폭발로 인해 지하로 매몰되었다고 꼭 좀 찾아 달라는 이야기였다. 그 외에 지하에 계셨던 사망자 유족분과 주변 피해 건물 주인분들이 하소연차 우리에게 이런 저런 이야기를 전하셨다. 폭발 상가는 1층, 2층으로 상가만이 밀집되어 있어 피해 또한 컸던 것으로 생각된다.

거시적으로 살펴본 폭발 사고의 폭심은 일단 지하라는 것은 사조 조사를 조금이나마 해 본 경험이 있는 사람이면 알 수 있었다. 사고 개요를 들어 보니 지하에 계셨던 분이 시의원이고 그 건물 주인이신데 전날 부부싸움으로 집에서 다툼이 있어 상가 지하에 혼자 들어와서 주무셨고 오전 아침 7시경 폭발이 일어났는데 폭발과 동시에 그분이 지하에서 몸에 불이 붙은 채 1층으로 올라오셨다는 것이었다. 하지만 폭발 및 붕괴 위력으로 봐서는 상당한 정도의 가스 누출이 있었을 것으로 예상되나 당시 주변을 지나는 누구하나 가스 냄새를 맡은 적이 없었다는 것. CCTV도 그냥 길거리에 지나가는 사람만 있고 상가 건물이 굉음과 함께 한 번의 폭발을 일으키는 장면 외에 사건과 관련된 특이점으로 볼만한 영상은 전혀 기록되어 있지 않았다.

대부분의 사고 원인은 사고 개요와 몇 가지 특이점을 간추려보면 윤곽이 대충 나타나나 이 사건의 경우 쉽지는 않겠구나하는 예감이 사고 조사 초기부터 들기 시작했다. 사고 조사 초기에 들었던 직감이 맞는 경우가 거의 대부분이었다. 폭심으로 지목된 지하 공간을 진입해야 좀 더 뚜렷한 사고 해석을 할 수 있으나 진단 결과 재붕괴 위험이 있어 진입을 하지 못하는 상태였다. 우선 주변에 폭발을 일으킬 수 있는 대상을 찾아보기 시작했다. 언론에는 가스 폭발로 명시되어 나왔으나 가스 폭발이 아니라는 예감도 들었기 때문이다.

주변에서 수거된 LPG 가스 용기는 지하에서 사용하던 용기 2개를 포함한 8개였고 주변 장치 등 매몰된 것 외에 대부분을 일단 수거했으나 사고와 관련된 직접적인 특이점은 발견하지 못한 상태였다. 마냥 진입 안전을 위한 동바리 지지 작업 등을 기다리고 있을 수 없어 위험을 무릅쓰고 국과수와 과수팀만이 지하 현장으로 예비 조사를 위해 일단 진입했다. 추가 붕괴 위험이 있어 매우 위험했으나 나름대로 실마리를 풀기 위해 꼼꼼히 이곳저곳을 모니터링하고 사진으로 남겼다. 지하 공간은 구획이 되어 있지 않아 폭심으로 일정 구획은 한정하는 것도 의미가 없었고 진입 계단 하부에 가스 배관이 장착되어 있으며 주변 물건에 심한 열 변형이 식별되는 정도 외에 사건과 관련된 특이점은 설명할만한 게 없었다. 날이 저물어 어둑해졌고 푹푹 찌는 더위와 안개와 같은 먼지는 우리 몸을 만신창이로 만들었다.

다음날 본격적인 조사를 계획하고 저녁 9시경 저녁 식사로 한 숟가락을 뜬 채 아침 일찍 현장으로 향했다. 일단 특이점이 발견된 계단 밑 부분을 본격적으로 수색해보기로 했다. 하지만 재붕괴 위험으로 진입이 어렵고 상부 콘크리트 구조물 등이 하부 지하로 매몰되어서 외관상으로는 아무것도 식별하기가 힘든 상태였다. 포크레인을 동원해 일부 지하에 매몰된 부분에 대해 발굴 작업을 시도했지만 작업 상 간섭 받는 부분이 많고 콘크리트 비산물과 물건 등이 혼재되어 있다 보니 사건에 결정적인 실마리를 줄 감정물이 작업 중 손상될 우려가 있어 함부로 작업도 어려운 상태였다.

아침 일찍부터 서둘러 원인을 찾기 위한 작업이 진행되었지만 점심을 지나서도 아무것도 할 수 없는 상황이었다. 결국, 동바리 지지 작업을 마치고 발굴 현장을 진입하기로 했고 우리가 할 수 있는 일은 지금까지의 정황, 수거된 물건 등을 토대로 사건이 왜 발생했는지에 대한 추정, 토론 정도였다.

이틀째 날씨는 정말 살인적이었다. 지휘 본부 등이 없어 우리에겐 아무런 공간도 허락되어지지 않았다. 언제 작업을 다시 들어가야 될지 모르니 작업복을 벗지도 못한 채 선풍기 한 대 없이 땡볕에 내몰려져 있었다. 가끔씩 공수되어 오는 생수 정도에 목을 축이는 것이 우리가 할 수 있는 최선이었다. 처음엔 강제적이든, 우발적이든 가스 누설이 원인이라 생각했고 지하에서 누설된 가스가 점화되어 폭발하면서 그 위력이 커 지금의 폭발 형태가 나타났다고 생각했다. 같은 누설량이라도 주변의 네 면이 막혀 있는 밀폐계의 경우는 개방 또는 일부 개방계하고는 달리 폭발 피해가 크기 때문에 특히 모든 면이 밀폐된 지하공간에서 폭발이 발생하면 충분이 본 사고 정도의 폭발 피해가 나올 수 있다고 추정했다.

하지만 파헤치면 파헤칠수록 우리의 예상은 자꾸 멀어져 가는 느낌이 들었다. 가스 냄새를 맡은 사람도 없고, 가스 시설 등에서 특이점도 식별되지 않고 그럼 도대체 뭘까?... 토론이 진행될수록 다시 날은 어둑어둑 저물기 시작했고 기다리던 동바리 작업도 2주 이상이 걸린다는 통보를 받으니 이제는 마음이 좀 무거워지기 시작했다. 상황도 모른 채 언론에서는 국과수 조사 오리무중 등... 우리의 마음을 다급하게 만들었다.

다음날 과장님이 최종 결정을 하셨고 우린 결국 아무런 안전 조치 없이 지하 매몰 공간으로 진입을 강행했다. 우리가 특이점이라고 생각했던 계단 밑을 면밀히 훑기 시작했다. 계단으로 내려오는 배관도 찾았고 이불, 소파, 옷가지 등 수거할 수 있는 물건은 최대한 수거했다. 하지만 우리가 기대했던 특이사항은 발견하지 못했다. 현장을 뒤로 하고 일단 서울 연구소로 복귀하기로 했다.

다음날 엄청난 양의 폭우가 예상되어 있고 붕괴 위험 때문에 더 이상의 진입은 힘들다는 게 지휘부 생각이었다. 붕괴 위험이 있어 우선 철거를 진행하기로 했다. 철거 부분과 붕괴 매몰 부분을 구분하기 위해 우선 매몰 구간 위에 큰 면적 규모의 천막을 친 후 철거 기간 동안 연구소 내 밀린 감정 업무 처리를 위해 서울로 향했다.

한 달여쯤이 지나 철거가 완료된 현장을 다시 찾았다. 다시 찾은 현장은 건물 자체가 보이지 않을 만큼 철거가 진행되어 지하로 철거물이 다 매몰된 상태였다. 상부에 붕괴 위험을 일으킬 만한 요소가 제거된 상태여서 작업은 좀 더 속도를 받았으나 철거물이 지하에 다시 매몰되면서 이를 기존 폭발 붕괴 구간과 분리해가며 물건 하나하나를 살펴보는 일이 쉽지만은 않았다. 포크레인을 이용해 구획을 나누고 천막 윗부분을 들어낸 후 하나 하나 떠가며 물건을 일일이 관찰하기 시작했다. 일부 지하 구간의 검색이 끝나면 검색이 끝난 부분에 매몰된 콘크리트와 물건들을 옮기고 또 다음 구획을 검색하는 방법으로 현장조사가 진행되었다. 시간은 더디었지만 우리가 할 수 있는 최선의 방법이었다.

사망자가 사고 당시 입고 있던 옷가지와 이불 등에서 인화성 물질이 검출되었다는 통보를 받았다. 가스 폭발이 아닐 수 있다는 추정이 점점 힘을 얻는 상황이었다. 사건의 중요성 때문에 감정서는 과장님에 의해 작성되었고 피어 리뷰를 통해 검토가 이루어졌다.

내가 담당했던 사건 중 아직도 정확한 원인을 추정하기 힘든 사건 중 하나의 미제 사건이었다. 폭발 현장이 건물 지하였다는 게 사건 원인을 밝히는 데 많은 어려움이 있었던 것 같다. 최종 인적 피해 42명. 자동차 27대 파손. 총 18억 3600만원 피해. 피해를 입으신 모든 분들에게 본 지를 통해 다시 한 번 위로의 말씀의 전할 뿐이다.

대선에 묻힌 석정 36호
12명의 희생

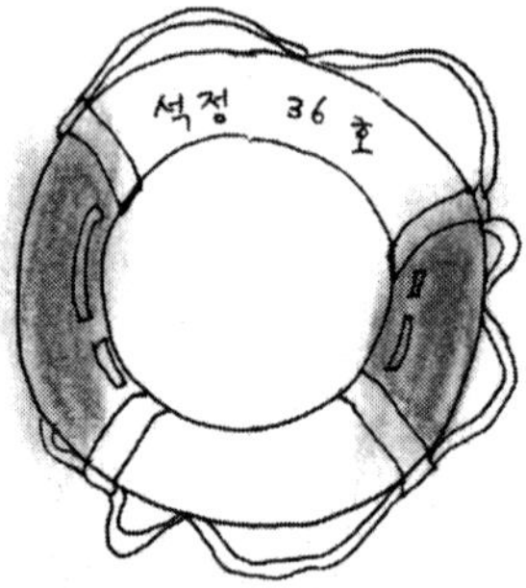

2012년 12월은 연말 분위기보다는 20일 날 있을 19대 대통령 선거로 온 나라가 떠들썩했다. 무소속 안철수 후보가 전격사퇴하고 나서 민주당 문재인 후보와 회동을 가졌는데 그 내용이 가장 큰 뉴스거리였다. 두 사람의 연대는 정책도 다르고 이념도 다른 사람들이 오직 당시 여당 후보를 떨어뜨리고 권력을 잡기 위해 손을 잡았다며 이것이 국가비전이냐고 언론에서 신랄하게 비판하고 있던 중이었다.

대선을 일주일 쯤 앞두고 울산에서는 일반인들이 기억조차하기 힘든 재난에 가까운 엄청난 사건이 발생했다. 울산항 북방파제 축조공사현장에서 공사 중이던 석정 36호가 해상 기상 악화에도 불구하고 피항 준비 중, 높은 너울로 인하여 선체 선미에 설치된 리더(기둥) 지지대가 탈락되어 전도되면서 침몰하여 12명이 사망하고 9명이 부상당한 재난이라 부를 수 있는 큰 인적피해를 가져온

사고가 발생했다. 하지만 큰 대형 참사에도 불구하고 언론에서는 속보 한줄 정도 내보내고 모든 관심은 대통령 선거에 초점이 맞춰져 있었다.

국내 안전사고를 담당하고 있는 나로서도 이런 사고가 발생한 줄도 모르고 있던 상황이었고 대선이 끝나고 다음 해 1월이 되어서야 해양경찰청에서 감정 의뢰가 와서 이 사건을 다시 들여다보게 되었다. 사고 선박은 2004년 일본해공에서 (주)S개발에게 인도된 선령 약 28년의 석정36호 DCM(Deep Cement Mixing)선으로 방파제 등 축조공사를 할 때 시멘트로 말뚝을 만들어 연약 지반을 단단히 하는 용도의 선박이었는데, 초입 인도 상태에서 몇 차례에 걸쳐 개조된 선박이라는 이야기만 전해 들었을 뿐 자세한 선체도면이나 구조 등은 경찰에서도 파악하지 못하고 있던 실정이었다.

다만 개조 전후 사진 일부가 제시된 게 감정을 위한 자료의 전부였다. 역시나 감정의뢰 내용은 침몰원인. 어떻게 보면 참 간단해 보이지만 구체적인 자료도 없고 더욱이 감정물인 선박조차 침몰된 상태에서 우리가 할 수 있는 건 울산으로 내려가서 사고 정황과 수집할 수 있을 만큼의 공학 자료를 수집하는 게 다였다.

1월이라 울산 바다는 아직도 칼바람이 세차게 불고 있었다. 간단히 매운탕으로 점심식사를 한 후 침몰된 석정 36호가 있는 해상으로 향했다. 쾌속선과 바지선을 옮겨 갈아타며 최대한 선박의 침몰 형태를 볼 수 있는 곳까지 접근했다. 이렇게 큰 사고가 났는데 왜 이렇게 조용할까 하는 의문이 들어 담당형사에게 물어 보니 대선 영향이 크고 다음은 의외로 합의 절차가 잘 이루어져 유족들이 모두 합의를 한 상태였다. 국내에서 받은 합의금 중에는 제일 큰 금액으로 건설사에서 지급했다는 이야기도 더해 들었다. 합의 절차가 잘 이루어져 우리도 사고 조사를 하는데 좀 더 부담이 덜 했지만 그래도 이렇게 어이없이 돌아가신 망자를 생각하니 마음이 너무 아팠다. 물론 본 사건하고 원인적인 측면에서 비교하기는 힘들겠지만 천안함 조사 시절에 천안함 인양 작업을 하다 침몰된 선박에서 돌아가셨던 분들이 떠올랐다.

우리가 해상에 도착했을 때 사고 선박은 전체 선박 구조물 중 손상된 우측 빽스테이지(Back Stage) 상부 일부만이 해수면에 드러나고 그 외 부분은 모두 침몰된 상태로 선박 구조물의 침몰상태 및 손상 상태 등은 식별이 불가한 상태였다. 어찌할 바를 모르고 있는데 침몰 선박 인양 작업 회사에서 작성된 사고 선박 해저 침몰 상태를 나타낸 인양개략도가 있다 해서 일단 드려다 보기로 했다. 손으로 스케치를 한 개략도였는데 누가 그렸는지 정말 상세하게 해저 침몰 상태를 묘사하고 있었다.

우리가 가지고 있는 건 개조 전 사진 몇 장이 다였는데 순간 수사 기질이 발휘되어 어떻게 이렇게 선박을 정확하게 묘사할 수 있을까라는 의문이 들면서 혹시 이 사고와 무슨 관련이 있는 사람이 아닐까하는 생각이 들었다. 사고 조사를 하다 보니 사람을 의심하는 습관이 들어 지금까지도 고치지 못하고 있다. 어쨌든 우리가 가지고 있는 몇 장의 사진과 맞추어보니 대충이나마 각 부위들의 변형 상태 등은 짐작을 할 수 있었다. 아마도 인양 작업 전 여러 가지 내용을 파악할 수 있는 결정적인 자료였던 것으로 기억한다.

하지만 개략도와 침몰 후 들어난 부위만 가지고는 형태 등이 감이 오지 않아 이 선박과 비슷한 형태의 선박을 한 번 둘러보기로 했다. 다행히 근방에 비슷한 톤수의 비슷한 기능을 가진 선박이 있다는 소식을 듣고 우리는 이동 후 그 선박에 승선했다. 리더 및 장치, 선미, 후미 등 여러 형태를 보니 대충 이 선박의 용도와 장치 등의 연결 상태 등을 파악할 수 있었다. 하지만 엔지니어이다

보니 설계도 없이는 구체적인 부분을 논하기는 힘들어 선장님에게 이 배의 설계도를 요청 드렸다. 우리의 승선 요구를 아무 조건 없이 받아 주신 고마운 분이시지만 아무래도 국과수와 경찰이 와 있으니 선뜻 자료를 내놓으시려고는 하지 않으셨다. 거기다 등록증 및 점검 내용 등을 요청하니 왠지 수사를 당하신다는 느낌도 받으셨을 것 같았다.

침몰된 선박의 자료가 거의 없다보니 최대한 감정과 관련된 자료를 확보해야 했었기에 실례를 무릅쓰고 해야 할 수밖에 없는 최선의 방법이었다. 관련자 분들의 많은 도움으로 일단 대충의 자료를 수집한 후 다시 서울로 복귀했다. 그리고 15일 쯤 지나서 선박 전체가 인양되지는 못했지만 전도된 리더부 등이 인양되었다는 이야기를 전해 듣고 다시 울산항을 찾았다.

그래도 2차 현장 조사 때는 일단 육상으로 큰 물체로 보이는 선체 일부가 올라와 있었다. 개략도와 사진 등을 분석하고 내려갔던 터라 나름대로 물체만 보고도 그 부분이 어떤 부분인지 정도는 파악할 수 있었다. 리더부가 한쪽 방향으로 비틀림을 받아 휨변형을 받은 상태였고 그 또한 사고 당시 구조되신 분들의 진술과 일치했다. 전체 변형을 보고 초기 전도 부위가 어디인지를 짐작할 수 있었고 1차 조사 때 비해서는 상당히 많은 정보를 확인할 수 있었다. 지방 언론이 관심을 갖고 취재를 하고 있었다.

다시 기상 악화 상태, 양묘 상태 등을 파악한 후 마지막 개조 상태를 하나하나씩 체크해가면서 머릿속에 새겨 봤다. 하루에 조사를 한다는 것은 무리였다. 어둠이 깊어져 숙소를 잡기 위해 울산 시내로 향했다. 비가 추적 추적내리고 마음 한 켠엔 씁쓸함이 밀려들었다. 모텔은 지천에 널렸지만 방 구하기가 하늘의 별 따기였다. 들어가면 숙소 주인이 외치시는 소리는 다들 똑같았다. "쉬어가는 사람 받아야 되니 저녁 늦게 오세요." 힘이 들어서 쉬고 싶었는데 쉴 곳이 없었다. 좀 좋은 곳으로 가서 잠을 청하려니 공무원 여비 규정보다 숙박비가 1~2만원이 더 나와 이를 더 내고 숙박을 하기에는 좀 아깝다는 생각이 들었다. 그래서 할 수 없이 소주집으로 향했다. 참 남자인 내가 봐도 남자들은 이상하다. 술값이 더 나오는데 그냥 1~2만원 더 주고 자면 될 것을... 다들 똑같은가보다 술값은 아깝지 않은 게... 아마도 현장 조사를 하고 나니 피곤함과 스트레스가 함께 몰려와 소주 한 잔이 더 생각났었나 보다.

다음날 아침 일찍 정신을 차리고 좀 더 상세 부위를 살펴 본 후 서울 연구소로 복귀했다. 지방 출장을 한 번씩 다녀오면 너무 시간 손실이 컸다. 다녀오는 동안 연구소 감정이 또 쌓이기 때문에 다녀온 후가 더욱 부담스러웠다. 감정 신속화를 위해 되도록 감정 지연을 하지 않는 분위기라 항상 10시, 11시에 퇴근하는 분위기였다. 공무원이 칼퇴근한다는 말은 옛말이었다. 그리고 최종 선박이 인양되었다는 소식에 또 15일 쯤 지나서 다시 울산항을 찾았다. 이번엔 정말 집채만 한 선박이 인양되어 부두에 올라와 있었다. 많은 부분이 명확해졌다.

개조 및 변경 상태가 침몰 사고에 미치는 영향에 대해 충분히 시뮬레이션으로 판단할 수 있을 정도였다. 공학 시뮬레이션 전공을 되살려 실력 발휘를 했고 주변에 도움받을 수 있는 분들을 많이 괴롭혔지만 상당히 사고재현에 의미 있는 감정 결과를 내보내고나니 내 경험에 획을 그을 수 있는 한 사건이 지나갔구나 하는 생각에 뿌듯한 마음이 들었다.

몇 년이 지나도 법정에서 출석하라는 이야기가 없는 것 보니 내 감정서가 사건을 판단하는데 많이 도움이 되었나 보다하고 혼자 내심 생각하곤 한다. 아니면 그 반대로 별로 쓸모가 없어 활용되지 않았던지. 어쨌든 본 사고는 선박 구조를 개조 및 변경하면서 아무런 공학적 근거 없이 작업이 진행되었고 이 모든 것이 선체에 여러 가지 문제를 발생시킨 것으로 추정된다. 단지 중요한 것은 이런 경우가 해안에선 비일비재하게 이루어진다는 것. 이 글을 통해서 다시 한 번 본 사고의 심각성을 되새기며 말없이 허무하게 돌아가신 고인의 명복을 빈다.

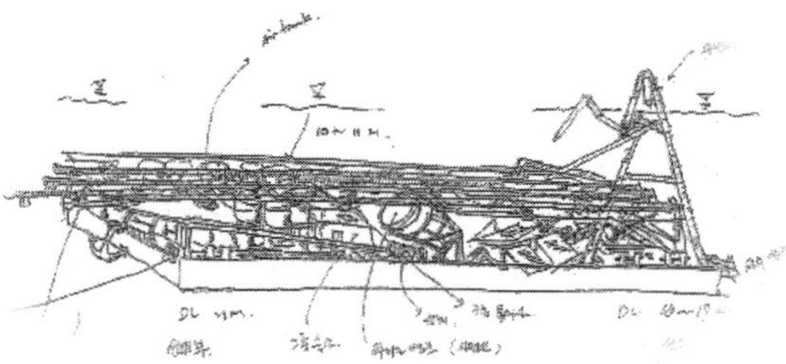

공원 케이블카의 현실

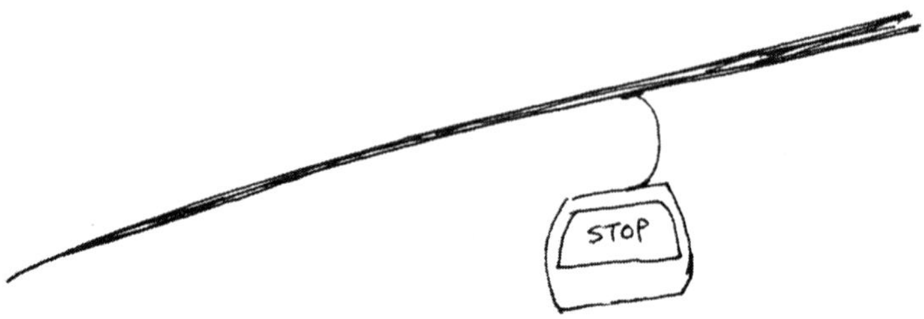

2013년 1월 새해에 접어들면서 업무 정리 및 시작 차원에서 여러 가지를 고민하고 있을 때였다. 국과수 안전사고 조사를 전국구로 확대하기 위해 준비하고 있던 시기이기도 했다. 안전사고 조사의 전국구가 과연 이 적은 인원으로, 전국을 다니며 다 할 수 있을까라는 의문과 지휘부에 대한 반항감 등이 잔재해 있던 시기였다. 안전사고는 철도, 건물 붕괴, 선박사고 등 사고 특성상 감정물 수거가 불가능한 물건이 많고 수거한다 하더라도 몇 날 며칠을 고민하고 또 쳐다봐가며 감정을 해야 하기 때문에 서울에서 근무하며 이를 전국을 다니며 행한다는 것이 너무 무리가 있는 지시가 아닐까 생각했다.

물론 안전사고에 대한 관심이 커져 국과수 안전사고 분야를 키우기 위한 좋은 기회인 것은 공감하고 있었으나 안전사고 감정을 잘 모르는 지휘부에서는 너무 일률적인 조직 확대에 관한 정책을 편다는 생각이 들었다. 어쨌든 할 수 있는데 까진 한 번 해보자는 생각으로 다시 한 번 의욕을 다지고 있을 쯤. 언론을 통해 부산 동래 금강공원 케이블카 안전사고 속보가 들여왔다. 당시에 부산에는 안전사고를 전담할 인력이 없었기 때문에 또 내가 해야 할 큰 일이 터졌구나 하는 생각이 머리를 스쳐 지나갔다.

부산은 내가 초등학교부터 대학원까지 마친 마음의 고향이자 정신적 안식처였다. 특히 동래 쪽은 우리 집이 위치해 있었고 고등학교 또한 부근을 나와 아주 친숙한 곳임은 분명했다. 사고가 난 금강공원도 항상 소풍 때만 되면 부산에 있는 학교들이 너나없이 빈번히 다녀오는 곳으로 어릴 때를 생각해보면 동래 충렬사와 더불어 가끔 어린 마음의 순정으로 여학생들과 미팅을 했던 장소로 유명했던 곳이기도 했다. 지금 학생들하고는 달리 어릴 때 미팅 코스는 금강공원 한 번 돌고 동물원가서 한 번 돌아보고 컵라면을 같이 나누어 먹으며 케이블카 타고 꼭대기 올라가서 야호 한 번 지르고 내려와 다시 만날 날을 기약하며 헤어졌던 게 다였던 것 같다.

다행히 다친 사람은 없는 것 같았지만 승객 46명이 언제 끊어질 줄 모르는 와이어로프에 매달려 있다는 불안감과 공포감. 이에 더해 매우 추웠던 날씨에 몇 시간을 허공에 그렇게 있었다고 생각하면 그 상황은 아마도 케이블카 내에 있지 않았던 사람이라면 상상하기도 힘든 두려움이었을 것이다. 부산으로 내려갈 수 있는 교통수단은 두 가지. 열차를 이용할 경우 편리하기는 하지만 역에서 현장으로 이동해야 하기에 큰 장비를 동반할 수 없다는 단점이 있었고 관용차를 가지고 가는 경우는 장비 등과 함께 이동에 있어서는 편리하지만 매우 먼 거리를 운전해야 하는 단점이 있었다. 항상 안전사고의 경우는 지방 내려갈 때 고민해야 되는 선택의 기로에 서있었다. 부산 국과수 분원에서 지원해준다고 하니 열차를 타고 움직이기로 하고 신경주역에 도착했다. 부산 분원이 양산으로 이전하여 새로 준공한 터라 부산역보다는 신경주역에서 픽업한 후 동래로 이동하는 게 최상의 코스였다.

현장으로 이동하는 중간 중간에 부산의 변화된 모습을 느껴보았다. 옛날과는 많이 달라진 모습에 고향에서 느끼는 푸근함보다는 어색함마저 들었다. 공원 입구 지구대에 도착했을 때 언론인들이 따라갈 준비를 하고 모여 있었다. 일단 기계실이 있는 산정 정류소로 이동하기 위해 차량이 올라갈 수 있는 아스팔트 한계 부분까지 올라갔다. 나머진 흙으로 덮여진 산길이었는데 전날 비가 많이 와서 엄청 질퍽하고 날씨까지 맹추위에 일부가 얼어붙은 상태라갈 수 있는데 까지 들어갔지만 결국 차가 진흙탕에 빠져 버려 움직일 수 없는 상태에 놓였다, 여러 명이 달라붙어 씨름했지만 그냥은 빠져나올 수 없는 상태였기에 과수팀 형사분께 크레인 좀 불러 달라 말씀드려 놓고 어쩔 수 없이 우린 산정 정류소까지 질퍽한 진흙을 밟으며 장비를 들고 걸어서 이동했다. 정말 무지 추웠다. 더욱이 숲속이고 고도까지 높은 터라 더 했던 것 같다.

잘 따라올 것만 같았던 언론인들이 힘이 들었는지 하나하나씩 뒤쳐지고 일부는 포기하고 돌아간 팀도 있었다. 그래도 산정정류소까지는 거리가 얼마 되지 않아 짧은 시간에 도착했다. 당시 케이블카는 공원입구와 산정 정류소 중간쯤에 멈춰선 상태였기에 산정 정류소에서는 전혀 모습이 보이지 않았다. 일단 기계실에 도착 후 작업자 이야기를 상세히 들어보고 기계실 내부로 들어가 활차, 드럼, 브레이크, 감속기, 와이어로프 등 주요 시설물의 상태를 조사했다. 문제가 된 부분은 사고 시설이 준공된 지가 워낙 오래되어서 관련 설계도 및 회로도 등 운영사에서 아무것도 소유하고 있지 않다는 것. 언론 보도에서는 와이어로프가 끊어졌다는 이야기가 흘러나왔는데 기계실 내에서 끊어진 와이어로프는 식별되지 않았으나 뭔지 모르지만 충격 및 반동으로 인해 와이어로프가 활차를 이탈한 상태는 식별되었다. 제어 시스템도 파악하기 위해 제어 회로도 등을 요구했으나 역시 돌아오는 대답은 아무것도 없다는 사실.

일단 몇 가지 테스트를 해본 결과, 회로 상에는 사건과 관련된 특이점은 발견되지 못했다. 상세 설계도와 회로도 등이 없이 어떻게 이제까지 유지보수를 해왔느냐를 관계자 질문에 돌아오는 것은 그냥 경험치로 했다는 대답뿐. 부산 사람들뿐만 아니라 부산을 관광하는 외국인까지도 부산에 오면 꼭 한번 거쳐 가야할 관광코스인 금강공원 케이블카가 이렇게 운영되어 오다니. 참 암담하기도 했고 내가 예전에 부산에 오랫동안 생활한 것을 감안하면 이제까지 살아있다는 것만으로도 감사함이 느껴졌다.

이제 정말 첩첩산중. 실제 케이블카가 멈춰 있는 지점에 가서 상부 케이블카가 있는 곳까지 수직으로 접근해야 되는데 산 중이라 크레인을 부를 수도 없고. 어찌해야 될지. 날이 어둑어둑 해졌다. 이대로 위치를 모르는 산 중에 진입하는 것은 무리가 있어 보였다. 그런데 이때 갑자기 생각나는 건 진흙탕에 빠진 관용차. 통화해보니 크레인도 빠져서 진입이 안되는 상태였다.

논의 끝에 차는 버려두고 일단 방법이 없어 걸어서 공원 입구까지 하산하기로 하고 지친 몸을 나무에 의지하며 내려 왔다. 추운 곳에서 떨었더니 몸도 노곤하고 해서 다음날을 위해 동래에 있는 온천장을 찾았다. 담당 형사들은 우릴 온천장 어디쯤에 내려 주고 사라져 버렸다. 사안이 커서 바로 경찰서로 들어가 봐야 하는 점도 있었지만 부산 분소 팀이 식사라도 할 겸 나온다고 해서 우리끼리 기다리기로 했기 때문이었다. 일단 저녁을 맛있게 먹었다. 꼼장어를 먹은 것으로 생각하는데 부산 꼼장어는 언제 먹어도 맛있는 음식이라 생각한다.

다음날 우린 2차 감식을 위해 또 금강공원을 찾았다. 포기하고 돌아갔던 취재진도 그날은 상부 지시를 어떻게 받았는지 우리에게 바짝 달라붙었다. 이제부턴 체력전이었다. 케이블카를 보며 케이블카가 있는 위치로 이동했지만 어느 정도 산중에 들어가니 보이지 않아 거리감도 없는 상태였다. 금강 공원에 산의 경사도가 그렇게 심한지도 그때서야 알았다. 금강 공원을 도보로 산행하는 경우는 매우 드물기 때문. 정말 몇 번을 오르락 내리락하며 케이블 처짐 형태와 구조 등을 파악했고 케이블카에 가장 근접하기 쉬운 철탑에 도착했는데 아마도 케이블카가 위치해있는 수직 상부까지 걸어 올라가는 시간이 20분 정도는 걸리는 높이.

예전에도 그랬던 것처럼 역시나 안전장구는 없었다. 무전기도 없었다. 누군가는 올라가야 되고 누군가는 아래에서 연락을 받아야 되는데 아무것도 없는 상태. 우왕좌왕하고 있을 때 부산 분원에 과장님이 앞장서서 철탑을 올라가기 시작하셨다. 어쩔 수 없었다. 주감정인이자 안전사고 담당자인 내가 안 올라갈 수는 없는 상태. 따라 올라가기 시작했다. 어느 정도 올라가니 산속에 날씨 상태와는 너무 다른 것 같았다. 추운 것은 고사하고 정말 바람이 엄청 불었다. 몸무게가 작게 나가는 과장님은 과장을 좀 보태면 날아갈 듯한 상태. 두려움이 몰려 왔다. 그래도 위만 쳐다보며 올라가던 중 벌써 과장님은 철탑 꼭대기에 도착해 있었다. 안전장구 하나 없이 철탑 꼭대기에서 왔다 갔다 하시는 모습이 사실 용맹스럽게도 느껴졌지만 안전사고조사를 하고 있는 우리가 안전장비하나 제대로 갖추지 않은 채 철탑에 매달려있는 형국이 모순당착에 빠진 사람 같아서 순간 혼란스러움이 몰려들었다.

내가 이 철탑을 내려가면 정말 안전장비 하나만은 제대로 갖추고 일할 수 있는 환경을 만들어 달라고 소리치고 싶었다. 그래도 올라간 보람은 있었다. 케이블카와 와이어로프를 연결하는 소켓 한 개소에 로프가 이탈된 상태를 식별했다. 결국 원인은 거기에 있었다. 물론 왜 이탈되었는지에 대한 부분은 수거 후 상세 검토가 필요하겠지만 우리에겐 일단 소켓에 와이어로프가 이탈되어 있는 상태를 확인한 것이 무엇보다도 의미있었다. 차후 수거를 어떻게 할지 의논하기로 하고 산을 내려왔다.

진흙탕에 빠졌던 관용차는 다행히 여러 명이 작업해서 빼내서 부산 분소로 보냈다는 사실을 지구대에 내려왔을 때 과수팀 분에게 전해 들었다. 서울에서 내려온 우리는 일단 서울 연구소로 복귀하기로 하고 그날 저녁 늦게 열차에 올랐다. 수거해온 소켓을 보니 소켓팅 충진 작업 등이 불량으로 이루어져 공간 내에 있던 와이어로프가 부식되어 손상된 것이 주원인이었다. 호이스트 사고는 여러 번 겪어 봤지만 케이블카 사고는 실제 경험하기가 힘든 사고 사례이다. 덕분에 케이블카 실제 운영 형태와 부실점 등 많은 것을 느끼고 알게 된 사건이었지만 금강 공원이 이 정도면 국내 산 중에 있는 소형 케이블카는 도대체 어떻게 운영되고 있을지 생각하니 아찔한 생각이 들었다.

이 사건을 계기로 가족에게는 항상 당부한다. 어디 가든지 케이블카는 절대 타지 말 것을. 우리나라가 안전사회, 안심사회가 되기 전까지는.

삼성을 변화시킨 불산 누출 사고

2013년 1월 29일. 전날 발생한 경기도 화성시 반월동 소재 삼성전자 반도체 공장에서 불산이 누출되어 1명이 사망하고 4명이 치료 받은 사건에 대해 아침부터 언론에서는 삼성에 대한 비난을 멈추지 않고 쏟아 내는 상태였다. 그 이유인즉 작은 사고로 생각해 은폐 의혹이 있었고 급기야 작업자 한 명이 사망하니 경찰에 신고하고 이를 무마시키기 위해 노력했다는 것이었다. 삼성 사고는 삼성 태안유조선 충돌 사고, 삼성물산의 판교 공사장 붕괴 사고 그 이외에 삼성화재와 관련된 사고를 이전에도 많이 다루었던 터라 삼성이 연루된 사건은 사회적 비난뿐만 아니라 나에게 있어서도 부담스러운 사건이 아닐 수 없었다.

삼성 사건의 경우는 그룹 법무팀에서 대응하는 속도와 방법이 매우 전문적이고 체계적이라 확실한 증거를 제시하지 않는 한 내가 오히려 철저하지 못한 사고 조사로 오인되어 국과수에 누를 끼칠 수도 있기 때문이었다. 사고 발생 당일 경기지방청과 화성동부 경찰서에서 역시나 전화가 왔고 작지 않은 부담감을 가지고 삼성 전자 화성사업장으로 향했다. 정문에는 언론들이 많이 와서 진을 치고 있다는 첩보를 받고 우리는 다른 문으로 사업장에 들어섰다.

그런데 웬걸 사고가 발생했던 중앙공급장치(CCSS)룸 앞에는 이미 많은 언론 단체가 진입하여 우리가 오기를 기다리고 있었다. 언론사가 많이 와 있으면 아무래도 복장이라든지 행동에 제약이 있으므로 일단 관용차량 안에서 옷을 갈아입고 장비 등을 정비한 후 CCSS룸 사무실로 언론 카메라 플래시 세례를 받으며 들어갔다. 일단 대충의 사고 개요와 확보된 CCTV 등을 살펴본 후 설비를 확인하기 위해 불산 이외에 반도체 공장에 사용되는 화학용액이 저장되고 공급되는 CCSS룸 안으로 진입을 준비했다. 그 전에 여전히 불산 누출이 있는지를 국과수 화학분석과 요원이 측정 장비를 이용해 측정한 결과, 불산 누출 반응이 나오는 터라 진입하는데 많은 분들이 누출의 가부에 대해 시끌시끌한 상태였다.

나와 함께 국과수 요원으로 현장조사에 참석한 전문특례요원이 조용히 나에게 다가와 내 귀에 속삭였다. “박사님, 저 총각인데... 불임을 유발할 수도 있다는데... 전 안 들어가면 안 될까요?” 모든 일에 적극적이어서 현장 조사 시 현장에 제일 먼저 뛰어 들어가는 성격의 소유자라 고민이 많구나 하는 생각에 경기청 과수팀, 화성동부서 과수팀, 그리고 나. 몇 명만이 완전장비를 갖춘 채 현장으로 진입했다.

처음 문제가 발생했던 밸브는 이미 교체되어 수거된 상태였고 교체된 밸브 연결부에서도 불산이 계속 누출되어 비닐로 교체 밸브를 감싼 상태였다. 일단 기본적인 촬영을 마친 후 불산 누출 피해 범위를 파악하기 위해 하부 바닥의 들뜬 상태 및 줄 센서 상태, 클램프 부식 상태, 저장소에서 불산이 분출된 형태 등을 면밀히 관찰하였다. 교체된 밸브의 누출 원인을 살펴보기 위해 교체된 밸브에 감싸진 비닐을 벗겨 보니 교체 밸브 연결부에서 볼트 체결 작업 불량으로 인한 누설 특이점이 발견되었다. 일단 교체된 밸브의 재 누출원인은 플랜지 연결부 연결 작업 불량으로 일단 잠정 원인을 파악한 후 밸브 내부 결함 여부를 검사하기 위해 이를 수거하는 작업을 요청했다.

화학 공정과 관련된 사고는 설비가 내부에 많이 숨겨져 있고 모든 시스템이 자동화되어 있으며 사고 대상물을 치우고 나면 파악이 어려운 부분이 있으므로 많은 부분을 진술에 의지해서 조사해야 좀 더 정확한 사고 내용을 파악할 수 있다. 물론 진술에 의존한 사고 조사는 그 말의 신빙성에 대해 반드시 검증해야 된다. 다만 여러 명의 진술이 겹치는 부분이 있는 경우 재검증만 제대로 이루어진다면 우리가 중점적으로 다루어야할 부분이 압축될 수 있으므로 조사 시간을 최대한 줄이는데 있어서는 중요한 부분이다. 대략 사고 현장을 살펴본 후 CCSS룸 모니터링 시스템을 열어 놓고 압력 데이터, 충전시간, 유량 기록 등을 제시받아 검토해나가기 시작했다.

본 사고의 경우는 작업자 1명이 사망한 것도 큰 문제였으나 작업자가 안전 장비도 없이 작업을 했던 점, 1차 불산 누출 후 밸브 교체 후에도 2차 불산 누설이 당일 또 발생한 점, 유출량 은폐 의혹 등이 언론에서는 더욱 더 관심사였다. 이 모든 것을 내가 검증해야 된다는 압박감은 이루 말할 수 없었다. 일단 제시된 데이터를 유심히 관찰하면서 특이점이 없는지를 파악해나가기 시작했다.

그런데 완벽할 것만 같았던 삼성 모니터링 시스템에서 정말 큰 오류를 찾아냈다.

유출 유량 산출을 위해 수위센서 상태 및 적산 유량 상태 데이터를 분석한 결과, 사고 당시에는 시스템 오류로 이 모든 것에 대한 기록이 남아 있지 않았던지, 남아 있다고 해도 모두 같은 값을 나타내고 있어 언제부터인지 모르나 본 유량 계측 시스템은 무용지물인 상태였다. 다시 한 번 검증을 위해 삼성 인프라팀 직원들과 모니터링 관련 업체에 대해 확인한 결과, 위에서 언급한 상태는 모두가 사실임을 확인할 수 있었다. 일단 유출량은 데이터 분석으로는 파악할 수 없는 상태이므로 수거된 밸브를 분해 검사하여 결함 여부를 파악한 후 실제 유출 밸브의 실험을 통해 유출 유량을 추정하는 방법을 이용했다.

1차 유출된 밸브를 확인한 결과, 본 밸브는 PFA 밸브로 잦은 유출로 인해 양쪽에 고정 볼트를 쪼이는 작업이 수차례 진행된 것으로 추정되고 이로 인해 씰링부가 손상되어 일부 누출된 불산이 금속 볼트와 반응함으로써 볼트가 부식되어 간극이 형성된 상태가 확인되었다. 관리의 삼성이라고 불려줬지만 최첨단의 제품에서는 찾아볼 수 없는 삼성의 보이지 않는 면이 드러나는 순간이었다. 다음에 나의 관심 포인트는 이 밸브에서 어느 정도의 불산이 누출되었는가 하는 점이였다.

본 밸브를 실험하려면 실제 본 밸브가 장착되어 있던 시스템에 이를 장착하고 유량을 측정하는 게 가장 정확하나 시스템이 연속적이라 본 밸브를 장착하여 유량 계측은 하는 것은 불가능했기에 가스안전공사의 도움을 요청했다. 국과수의 경우는 가스, 전기, 시설 안전과 관련된 모든 장비를 구매하는 것은 어려운 일로 자주 발생하는 장비 위주로 감정 시스템이 구축되어 있어 본 밸브와 같은 경우는 안전 인증 업무를 수행하는 공공기관의 도움을 많이 받는 편이다.

일단 어렵게 장비 세팅을 한 후 실제 사고 당시 작용했던 구동 압력을 걸고 마음을 조이면서 밸브에서 어느 정도의 유출이 발생하는지 살펴보았다. 그런데 사고 밸브의 유출은 유출이라기보다는 분출이라는 게 맞는 표현이었다. 물론 불산이 아닌 안전을 위해 물로 시험을 했는데 분출되는 물은 어느새 금방 실험실 바닥에 차이기 시작했다. 물은 정량하기 위해 비닐에 시간을 재어 물을 담기 시작했고 측정결과, 시간당 유량 최대 7L. 어마어마한 양이었다. 하지만 밸브를 우리가 수거하지 않았기에 본 상태가 유출 당시 상태인지 여부와 데이터 오류 등으로 정확한 유출 시간 등을 파악할 수 없기에 총 유출량은 추정이 곤란한 상태였다. 일단 최대 유량을 측정한 것만으로도 우리에겐 큰 수확이었다.

다음은 2차로 유출된 밸브 검사. 밸브 구동 검사 결과, 밸브 내에서는 특이 결함 등은 발견되지 않았으나 연결부에서 한번 사용하면 교체해야 될 개스킷을 2차 교체 밸브에 그대로 재활용하여 사용한 결정적 흔적을 발견하였다. 물론 볼트 체결 작업 불량 등의 특이점도 나타나 있었다. 다시 한 번 데이터와 시험 결과 등을 검토한 후 감정서를 발송하였고 그 후 수 없는 언론사 질문과 법조계 질의 등이 이루어졌다. 결국 경찰 중간 수사 발표에 참여하여 직접 의문 나는 부분을 답변하였는데 많은 부분이 이를 통해 의문에서 수긍으로 돌아서기 시작했다.

다만 삼성의 관리 문제가 면밀히 들어나면서 이를 계기로 안전이라는 것이 일류 기업에서 얼마나 중요한지를 다시 한 번 깨닫게 되었고 그 후 본사에 종합적인 안전 총괄 조직이 없던 삼성은 기존 삼성환경연구소를 삼성 안전환경연구소로 확대 개편하여 삼성그룹 전체 안전, 환경, 유틸리티 등의 안전을 관할하게 되었다. 어쨌든 직접적인 기여는 하지 않았지만 이번 사건을 계기로 국내 굴지 기업의 안전이 도마에 오를 수 있었고 최고 경영자의 관심을 이끌어낼 수 있어서 저 나름대로는 사건을 처리하면서 안전인의 한 명으로써 뿌듯한 생각이 들었던 사건이었다.

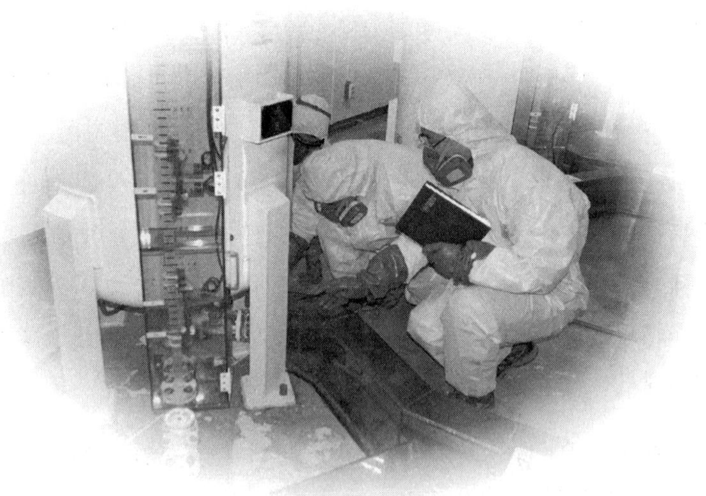

짚라인! 레저인가 무모한 모험인가?

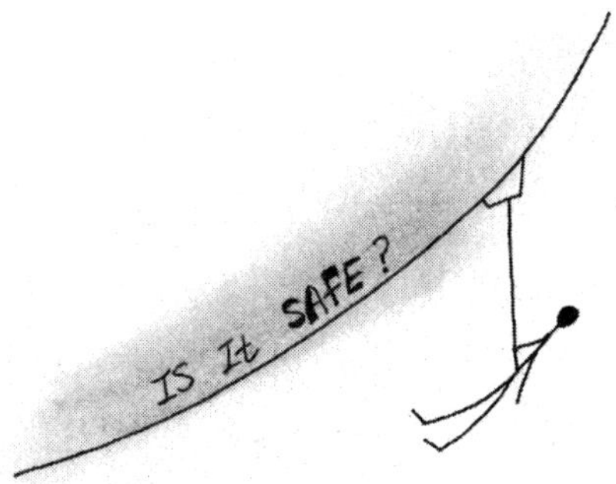

최근 일반인들의 여행 및 레저 관심이 높아지면서 가족 단위 또는 연인 간 다양한 레포츠를 즐기고 있다. 하지만 레저 인구가 폭발적으로 늘어남에도 불구하고 레저 시설에 대한 안전대책 및 안전관리는 후진국 수준을 벗어나지 못하고 있는 실정이다. 놀이 기구 및 레포츠 시설의 경우 주로 설계, 시공, 허가 등을 정부 부처가 아닌 민간 협회 등에서 담당하다 보니 정형화된 승인 절차가 없고 있다하더라도 검증되지 않은 상태라 각종 안전사고들이 빈번이 발생하고 있다.

놀이시설의 경우는 유희시설협회 등에서 가식적으로나마 안전관리가 이루어지고 있으나 그 외 레포츠 시설의 경우는 이마저도 없는 형편이다. 레포츠와 관련된 대부분의 안전사고를 들여다보면 레포츠 시설의 설계 및 시공을 주로 경험에 의지해 공학적인 검증 없이 실행된 사례가 다수인데 그 심각성은 매우 크다고 할 수 있다.

짚라인(Zipline)으로 불리는 아라나비 시설의 경우도 이에 해당된다. 짚라인은 양 편의 나무 또는 지주대 사이로 튼튼한 와이어를 설치하고 탑승자와 연결된 트롤리(trolley, 일종의 도르래)를 와이어에 걸어 빠른 속도로 반대편으로 이동하는 이동수단 또는 레포츠를 통칭하는 것으로, 와이어를 타고 이동할 때 트롤리와 와이어의 마찰음이 '짚~'(Zip~)과 비슷하게 들린다하여 '짚라인'이라 불리고 있다. 지역에 따라 플라잉폭스(Flying Fox), 짚와이어(Zip-Wire), 에어리얼런웨이(Aerial Runway), 티롤리언크로싱(Tyrolean Crossing) 등 다양한 명칭으로 불리기도 한다. 아라나비는 짚라인의 순수 우리말로 아라는 바다를 의미하므로 고로 아라나비는 바다 위를 나비처럼 훨훨 난다의 의미에서 정의된 용어이며 현재 제주, 강릉, 주문진, 거제도 등에서 설치되어 일반인들이 이용하고 있다.

2013년 5월 강릉시에서 관광객 유치 목적 등으로 야심차게 설치된 강릉 아라나비 시설에서 육군 소속 모범군인 40명이 아라나비 체험 중 출발점 지지대 와이어로프를 잡아주던 턴버클 고리가 변형되면서 대기 중이던 군인 2명과 안전요원 1명이 충돌해 다치고 진행 중이던 군인 2명이 물 위로 추락한 사건이 발생했다. 강릉시에서 야심차게 설치된 시설인 만큼 사고 여파에 대해 지역 언론에서는 비중 있게 다루는 모습이었다. 변형된 고리는 정식 KS 명칭이 턴버클로 출발대 기둥과 연결된 와이어로프의 장력 및 설치 높이를 조절하기 위한 용도로 설치되었으며, 양쪽 끝단 연결부 중 한 쪽은 아이형(Eye-Type), 다른 한 쪽은 후크형(Hook-Type)인 아이-후크형 타입으로 되어 있었다.

현장 조사시에는 사고 당시 현장 상태가 변경되어 이미 시설에 대한 보강이 이루어진 상태였다. 초기 설치 상태를 검토하기 위해 아라나비 운영을 담당하고 있는 사장님을 직접 만났다. 어느 시설이든 시설에서 사고가 난 경우는 시설 설비에 대한 설계, 시공 내용을 정확히 상세히 파악하는 게 정확한 감정을 위해서는 기본 업무이기에 설계 및 시공에 대한 자료와 설명을 요청했다. 하지만 그 사장님으로부터 제시된 자료는 참 놀라울 수밖에 없었다.

많은 일반인들, 가족, 특히 외국인까지 이용하는 시설의 설계도와 시공도라 하기엔 너무 부실한 스케치 수준의 도면이라고 밖에 생각할 수 없었다. 다음은 본 시설에 대한 구조계산 결과를 요청했다. 하지만 제시된 구조계산은 무슨 산수 공식을 적어 놓은 듯했다. 구조를 공부한 나로서는 안타깝기 짝이 없었다. 어떻게 이렇게 계산이 이루어졌는지에 대한 설명을 요청 드리자 "이건 경험에서 나오는 식이예요. 시설 전문가가 다 해보고 적어 놓은 구조 계산 방법이라고 했다." 하지만 자세히 들여다보니 그 경험식은 단순 장력 계산식 정도의 중학교 수준 정도의 식일뿐이었다.

일단 대충 계산 값이라도 맞기를 기대하면서 좀 더 자세히 들여다보니 나의 실망감은 점점 커져 갔다. 설비 설계에 대한 중요 팩터는 거의 빠져 있는 상태였고 다시금 내가 설계를 하는 게 나을 정도였다. 다음은 턴버클의 변형이 심한 상태를 보고 KS에서 규정한 정상 규격의 재질을 사용하지 않았을 가능성을 검토하기로 했다. 기계 특성 시험, 화학 성분 시험 결과, 설계 대비 재질의 사용도 부적격한 제품이 사용되었음을 확인하였다. 설계도 미비하지만 미비한 설계 대비 재질 또한 부적격품을 사용하였으니 설치 후 사고가 발생하지 않는 것이 이상할 정도였다. 건설, 설비 제품의 경우는 요즘 워낙 중국산 제품이 많이 들어와 성분 함량이 떨어지고 기계 특성이 미달되는 제품으로 장치 및 설비를 구성하다 보니 사고가 끊임없이 발생하고 있는 추세였다. 중국산 제품과 국내 KS품의 가격 차이는 크게는 5배 이상 나지만 눈으로 보기엔 형태 등이 유사해서 사고가 나지 않는 한 눈속임을 할 수 있기 때문에 재질 사용에서 많은 이득을 남기게 된다.

또한 턴버클 유형을 사용 환경에 맞지 않는 타입을 사용하다 보니 견딜 수 있는 하중이 작아 과하중까지 작용하여 결국 시설물의 안전을 위협하는 상태에까지 이르렀다. 인명 피해가 크지 않아 지방언론에서 다룰 뿐 크게 이슈가 된 사고는 아니지만 불특정 다수가 사용하는 시설물인 만큼 그 잠재적 위험성이 매우 크고 다시 한 번 우리에게 안전에 대한 경각심을 불러일으킨 사고 사례라 생각한다. 본 건은 다른 감정건과 동일하게 사고 원인 분석에 감정 초점을 맞추었지만 내 가족, 내 부모님께서 사용하는 시설이라 생각하니 그 수준에서 감정결과를 내보내면 동일한 사고가 다시 재발할 수 있다는 생각에 나름대로 공학적 설계 지식을 동원해서 안전율을 고려한 설계 내용을 참고사항으로 기술하여 회보하였다.

물론 경찰 차원에서는 원인 분석을 통한 책임 분별이 우선이기에 아마도 본 내용이 설계 및 운영주에게 전달되지 않았을 지도 모른다. 가끔씩 강릉을 다녀오곤 한다. 그때마다 아라나비를 즐기는 사람들을 보면 나의 설계 내용이 반영되어 있어야 할 텐데 라고 생각한다. 하루 빨리 이런 사고를 통해 얻은 재발 방지책들이 바로 검토로 이어져 표준 기관이나 담당 정부 부처에서 적극적인 액션이 있기를 기원한다.

123층의 랜드마크

국내 최대 규모 123층 높이로 건설되고 있던 제2롯데월드, 국내 최고층 높이의 랜드마크가 될 제2롯데월드는 공사 당시에는 명성에 걸맞지 않게 콘크리트 균열 등 안전 문제로 세간의 입에 오르내리고 있었다. 그런 가운데 2013년 6월 25일 제2롯데월드 붕괴 소식이 언론을 통해 속보로 전해졌다. 기계직 연구사로 임용되어 기계구조물 안전사고를 줄곧 해오던 나에게, 건물 및 다리 붕괴 사고는 건설 및 토목에 관한 사전 지식이 미비하여 한창 국내 설계기준 등에 대해 열심히 공부해야만 하는 시기였다.

당시 국과수에 안전사고를 주로 담당하는 사람이 나 밖에 없었다는 것. 아마도 국민들이 들으면 경악을 할 일이 아닐까싶은 생각이 든다. 법조계에 계시는 분들이 공학 사고의 경우는 사전 지식이 부족하여 화재, 폭발, 붕괴 사고 등의 경우는 대부분 국과수 감정 결과를 따라 책임소재를 판단하기 때문에 우리가 하는 감정이 작게는 개인, 크게는 기업 하나를 들었다 놨다 할 정도로 그 영향력은 매우 크다 할 수 있다. 그러므로 정확한 사고 원인을 규명하는데 온 힘을 쏟아야 되고 그만큼 내가 느끼는 부담감은 사고의 규모에 비례해서 커졌다.

일주일을 담당 사건의 원인 규명만 생각하다보니 꿈에서도 사고 현장이 나를 짓눌렀던 경험이 한 두 번이 아니었다. 처음에 붕괴 소식에 건물 붕괴가 아닐까 하고 유심히 들어보니 다행히 건물 붕괴는 아니고 작업 비계가 추락하여 1명이 사망하고 5명이 부상 당한 듯했다. 건설 현장과 관련된 사고 조사를 해보고 느낀 공통점은 건설 현장의 안전관리는 너무 허술하다는 것이다. 공사 계약을 따기 위해 엄청난 금액의 리베이트가 들어가고 이를 메우기 위해 자재 및 부재 등은 비용을 낮출 수밖에 없는 것이다. 그러니 설계시 적용된 자재가 들어오기보다는 규격 미달의 중국산 자재 등을 사용하게 되고 이로 인해 부하 하중을 견디지 못해 붕괴 및 추락 사고가 되풀이 되고 있는 것이다.

현장에 가까이 가지 않아도 아주 먼 거리에서도 제2롯데월드 공사현장은 눈에 들어 왔다. 아직 완공된 상태는 아니지만 사고 당시 43층까지 건설된 터라 현장을 찾는 것을 어렵지 않은 일이었다. 현장에 도착했을 때 그 규모는 더욱 크게 느껴졌다. 언뜻 보니 43층 꼭대기에 전면에 붙어 있는 비계 시스템 중 일부분이 치아가 빠지듯 추락되어 이탈된 상태가 눈에 들어 왔다. 문제는 추락 구조물이야 21층 및 지상에 낙하되어 있어 확인을 하면 되지만 시공 상태 및 작업 상태 등을 보기 위해서는 43층 꼭대기로 올라가야 되는 상황. 안전 장구라고는 안전모가 다인데 오늘도 살아 돌아올 수 있을까하는 생각이 들었다. 처음 국과수라는 직장을 지원할 때 밖에서 보여지는 연구원들의 스마트하고 섬세한 모습에 매료되었으나 특히 이공학분야는 속칭 반노가다라 할 정도로 장구와 장비들이 매우 열악하고 위험한 사고현장에 직접 한발 한발 내딛어 사고원인과 관련된 특이점을 직접 확인을 해야 했다.

눈이 와서 얼어붙은 화재 현장 파기, 붕괴된 콘크리트 지붕 들어내기, 제대로 된 방독면 없이 가스 질식 현장 들어가기. 주로 우리들이 하는 일들 중 한 부분이다. 같이 동행했던 동료는 올라가기 전부터 겁을 먹어 나보고 어떻게 할거냐고 눈치만 보고 있었다. 다른 선택은 필요 없었다. 사고 현장을 보지 않고는 아무것도 파악할 수 없는 상태. 국민들의 눈과 귀가 우리에게 쏠려 있는 상황에서 감정 불능을 통보하는 것은 있을 수 없는 일이었다.

마음을 가다듬고 일단 21층까지는 설치된 호이스트를 타고 이동하였다. 40층 정도까지 설치된 두 번째 호이스트를 타고 이동한 후 꼭대기 층까지는 걸어서 이동했다. 일단 ACS(Automatic Climbing System)라고 불리는 초고층 시공 시 사용되는 비계 시스템의 구조를 파악하기 위해 한 층 아래에서 고정 구조, 상하강 구동 구조 등을 살펴본 후 추락한 비계 고정 상태 등을 조사하기 위해 추락 비계가 설치된 위치로 이동했다.

문제는 여기서부터 인데 추락한 비계 부분의 고정 부분을 살펴보기 위해서는 추락 최근접 비계에 올라서야 되는데 추락 비계가 낙하될 당시 인접 비계와 충돌하는 바람에 인접 비계도 낙하의 위험이 있는 상태였다는 것이다. 콘크리트 시공 상태를 보기 위해 43층에서 아무런 안전 장구도 없이 왔다 갔다 하는 것 정도는 그래도 할 수 있었지만 추락 위험이 큰 인접 비계에 올라타는 것은 정말 그 순간 많은 생각을 하게 만들었다.

같이 간 동료는 나만 혼자 갔으면 하는 눈치였고 하도 겁을 먹어 소변이 마려울 정도로 떨고 있었다. "박사님. 전 결혼도 아직 안 했고 처자식도 없는데 도저히 올라갈 수 없습니다." 조사를 위해서는 어쩔 수 없는 선택이었지만 정말 당시에는 내가 왜 이러고 살고 있나 싶기도 했다. 당장 내려가면 국과수 그만 둬야지 하며 몇 번이고 맹세한 후 안전관리 작업자의 도움을 받아 인접 비계에 첫발을 내딛었다. 순간 공포가 몰려오면서 아무 생각도 들지 않았다. 빨리 보고 내려가야지 하는 생각 외에는. 얼른 클라이밍 유닛을 고정하고 있는 서스펜션 빔의 고정 볼트 이탈 상태를 얼핏 확인한 후 제 위치로 돌아 왔다.

또 다른 문제가 발생했다. 인접 비계에서 나올 수 있는 시야각이 제한되어 있어 고정 볼트 이탈 부분이 잘 보이지 않는다는 것. 하는 데까지는 했으니 이젠 다른 방법을 찾는 것 밖에 방법이 없었다. 상부에 세워진 크레인으로 이동해볼까도 생각해봤지만 너무 위험한 행동이었고 경찰 측과 여러 가지 토론 끝에 초고층 유리 청소 작업 등을 하시는 분의 도움을 받아 사진을 여러 모드로 찍어 보내주면 고정 상태 등은 이 사진을 통해 판단하기로 결정했다.

감정물 수거는 규모가 워낙 크고 무게가 많이 나가는 구조물이라 현장에 다시 와서 보기로 하고 일단 1차 현장 감정을 마치고 연구소로 돌아 왔다. 휴! 오늘도 살았구나! 정말 이런 위험 있는 장소는 다시는 오고 싶지 않은데. 별의 별 생각들이 다 들었다. 그리고 예전에 정말 위험했던 현장이 생각이 났다. 국과수 신입직원 시절. 의욕과 자신감, 자부심으로 가득 찼던 포부를 가지고 어떤 현장이든 진실을 규명하기 위해 파헤치던 시절. 타워크레인 운전함에 앉아 있던 기사분이 감전사로 돌아가셨고 감전 포인트를 찾기 위해 소위 타워크레인 상공에 수평으로 뻗어 있는 서포터 부분을 안전 장구 하나도 없이 왔다 갔다 했던 아찔한 기억.

구조 해석, 물성 검사, 도면 평가 등 여러 가지 감정 분석 툴을 동원해 다행히 추락 원인은 밝혀냈다. 시공불량으로 인해 고정 볼트와 체결되는 클라이밍 콘이 묻어져 버려 이로 인한 간극 생성으로 고정 볼트가 길이만큼 다 체결되지 못하고 일부만 체결된 체결불량 상태가 주원인이었다. 시공 작업을 확인만 잘 했더라도 충분히 막을 수 있는 사고였다. GDP가 3만 불이 넘으면 그때부터 안전을 생각한다고 한다. 그 전에는 다들 먹고 살기가 바쁘니 안전이라는 것은 눈에 들어오지 않는 것이다.

전쟁을 통해 폐해가 된 우리나라. 60년대에는 먹고 사는데 모든 걸 치중해야만 했고 이제는 선진국으로 가기 위해 사회 안전망 구축은 절대적인 필수 요소라고 할 수 있다. 조금만 안전의식을 갖고 주위를 돌아본다면 많은 소중한 생명을 구할 수 있지 않을까 생각해본다.

양양 캠핑과 방화대교 붕괴

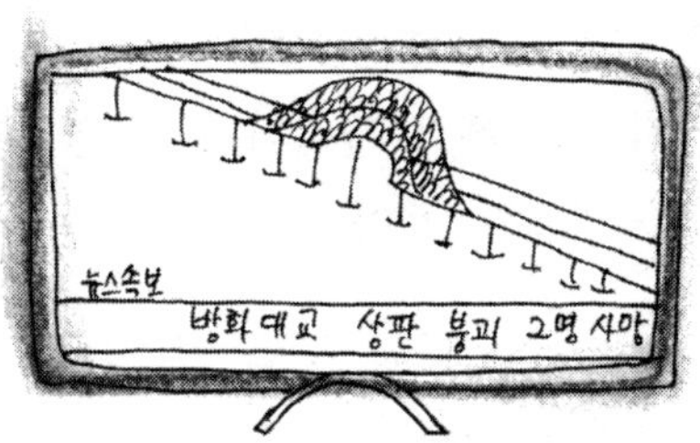

2013년 7월 13일. 여름휴가의 편안함 그리고 가족과의 휴식을 위해 설레는 마음을 안고 강원도 양양의 한 오토캠핑 촌으로 향했다. 가족들이 한창 오토캠핑 매력에 빠져 있던 터라 주말에만 짧은 캠핑을 다녀올 수 있었는데 여름휴가로 인해 장시간의 캠핑을 할 수 있으니 너무 가슴이 벅차올랐다. 강원도 양양 바다를 걸어서 5분 정도에 갈 수 있는 한 캠핑장에 도착한 후 나름대로 일찍 도착한 터라 몫 좋은 사이트도 선택해서 타프와 텐트를 여유롭게 치고 캠핑의 재미인 캠프파이어를 시작하려고 하는 순간. 예감이 좋지 못한 전화 한 통이 걸려왔다.

사고 조사 관련 일을 몇 년째 한터라 주말이나 연휴에 걸려오는 전화의 경우 벨소리만 들어도 왠지 받고 싶지 않는 전화 소리가 있는데 그때 벨소리 느낌도 그런 것이었다. 전화를 받으니 역시나 서울청 과수팀에서 걸려온 다급한 전화. 하지만 과장님 전화번호만 물어보고는 통화가 종료되었다.

지금 생각해보면 1년에 한번 밖에 없는 휴가를 망치지 않게 하기 위한 과수팀분의 배려의 마음이었다. 어쩔 수 없이 스마트폰의 한 포탈 사이트를 열었다. 역시나 속보가 떠있었다. 강서 방화대교 붕괴. 이게 웬 날벼락 같은 소리인가. 그렇게 바라던 1년 중 여름 휴가 첫 날. 그것도 캠프파이어의 즐거움을 만끽하려는 순간. 이런 일이. 그것도 자주 오고 다녔던 방화대교가 붕괴를. 아무것도 손에 잡히지 않았다. 가족들은 혹시 가야되나 내 얼굴만 보고 있고 어찌해야 되나 미안한 마음도 들었다.

일단 물리분석과에 나만 있는 것도 아니고 또한 휴가 중이며, 아마도 사건 현장 조사는 피해자 구조 등이 이루어져야 진행될 부분이라고 나를 세뇌시키며 휴가에 몰두하려고 노력했다. 정리를 하고 혼자 타프에 간이침대를 펼쳐 놓고 근심을 내려놓은 채 잠을 청했다. 그런데 비가 억수같이 쏟아지기 시작하면서 타프와 텐트 그리고 주변에 순식간에 물이 범람하여 물의 무게를 못 이기고 타프와 텐트가 무너지기 시작했다. 장모님도 계시고 애들이 무서워 할까봐 비를 맞으며 배수로를 파기 시작했다.

한 시간 정도를 그렇게 비와 실랑이 하고 다시 잠자리에 들기 위해 간이침대에 누운 지 한 시간 정도. 새벽 4시경 과장님께서 전화가 오셨다. “김박사 뉴스 봤지. 아무래도 지금 서울로 와야 될 것 같아.” 잠시 동안 과장님께서 하시는 말씀에 어떻게 해야 되나 적막만 흐르고 있었다. 그 시간까지도 비는 계속 와서 곧 타프와 텐트는 무너질 듯 하고, 이를 무서워하는 애들 얼굴, 장모님을 모시고 온 첫 번째 여행, 마지막으로 아내에 대한 미안함. 정말 짧은 시간에 너무 많은 생각이 머리를 스쳐 지나가고 있었다. 서울이 가까운 거리도 아니고 현장 조사 마치고 다시 휴가를 가라고 하시니 그땐 그 말씀이 얼마나 섭섭하게 들렸던지.

일단 과장님께 술이 덜 깨서 지금 운전을 해서 가는 건 무리라고 말씀드린 후에 조금 있다 다시 전화 드린다고 전화를 끊었다. 그리고 많은 것을 생각했다. 지금 내가 현장 조사를 가봐야 공사장 붕괴의 경우는 수습이 되지 않고는 아무것도 조사가 이루어질 수 없고 특히 다리 붕괴 사고의 경우는 감정물을 들었다 놨다 하는 게 불가능하기 때문에 검사를 위해 중장비 등이 동원돼야 되고, 서울까지 가면 휴가철이라 차가 워낙 막혀 밤이 될 수 있기 때문에 지금 가는 건 아무 의미가 없다고 판단했다.

생각을 다듬은 후 다시 힘을 내서 전화기를 들었다. "과장님, 아무리 생각해도 이렇게 무리해서 움직이는 건 아닌 것 같습니다. 현장 조사를 위해서도 시간이 필요하고 지금 현재 여기에선 가족이 나를 절실히 필요로 합니다. 휴가를 조금 당기고 이틀 정도 보낸 후 돌아가서 현장 조사에 매진하겠습니다."라고 당당히 이야기했지만 과장님은 "난 네가 지금 올 거라 믿는다. 선택은 네가 해라." 하시며 전화를 끊으셨다.

연구사는 연구관 승진이라는 한 번의 승진 제도가 있고 연구관이 되는 것이 연구사의 일평생 소원이라고 해도 과언이 아니다. 연구사들끼리는 연구관 진급을 노예에서 귀족 계급으로 다시 태어나는 것이라고도 비교하기에 그만큼 누리는 혜택과 사회 및 직장 내에서의 인식에 큰 차이를 나타낸다.

안전 분야에서는 독보적인 연구관 승진 후보자였기에 과장님의 마지막 끊으시기 전 한마디는 너무나도 나를 좌절시키고 다시 한번 어떻게 해야 할지를 고민하게 했다. 결정을 해야만 했다. 내가 삼성에서 국과수로 옮겨온 지 언 8년. 8년이란 시간을 국과수 안전 파트를 만들기 위해 혼자서 걸어왔고 열심히 살아왔는데. 그 정도는 이해해주시겠지 라는 혼자만의 변명 아닌 변명을 위로 삼아 이틀이란 시간을 보내고 서울로 돌아오자마자 방화대교 현장으로 달려갔다. 두 분의 희생자가 생겼고 생각했던 성수대교 붕괴와 같은 막대한 피해는 초래하지 않아 너무나 다행이구나 하는 생각이 들었다.

우선 첫날 나를 대신해서 다녀온 물리실장님과 동료에게 보고 온 내용이랑 짐작하는 사고 원인에 대해 물어보았다. 그들의 대답을 참고하고 나는 다시 처음부터 차근차근 시작해야겠다는 생각에 현장으로 달려갔다. 상황을 파악하니 방화대교가 붕괴된 건 아니고 정확히 이야기하면 서울 강서구 방화동 소재 88올림픽도로와 방화터널 사이 강교 설치 공사 현장에서 방화대교 남단에서 방화터널로 진입하는 진입로 확장공사 중 길이 약 47m 강교의 방호벽 콘크리트 타설이 완료되는 시점에 작업 중이던 포크레인이 이동함과 동시에 강교와 콘크리트 타설기가 약 10.9m 지면에 함께 전도, 추락되어 작업자 2명이 사망하고 1명이 부상을 입은 사건이었다.

일단 붕괴된 다리에 자체 변형 및 파손이 없고 수직하방으로 지상에 전복만 된 상태라 무게 편심 여부만 따져 보면 의외로 간단하겠구나 하는 직감이 나의 머리를 스치고 지나갔다. 사고 조사를 어느 정도 해보면 현장 상황을 한 번 보면 대충 사고 원인이 감이 오게 되고 그런 경지에 이르면 전문가가 된 것이라고 이쪽 분야에서는 이야기하곤 한다. 다만 복잡한 건 서울시가 발주를 했던 공사라 서울시 공무원 등이 연루될 수 있어 쉽지는 않겠구나 하는 예감도 들었다.

우선 좀 더 상세한 사고 조사를 위해 교량 받침의 상태부터 사고 당시 작업 내용, 설계와 시공 작업의 차이, 적재되었던 장비 사양 등 하나 하나를 집어 가기 시작했다. 그런데 강서 과수팀장님이 압수수색 받아온 자료가 있으니 일단 경찰서로 이동하자고 하셨다. 화재사고, 교통사고, 폭발 사고, 붕괴 사고 등 이번 사건과 같이 공학과 관련된 사고, 즉 법공학 사고의 경우는 어떤 자료를, 얼마나 빨리 확보하느냐가 중요하고 이를 현재 시공 상태와 비교하는 것이 사고의 원인을 규명하는 핵심 작업이라 해도 과언이 아니다. 대부분의 건설 사고는 설계와 다른 시공, 시공 작업 변경에 따른 설계 미검토 등으로 인해 발생하기에 이를 검토하는 것은 반드시 필요한 부분이라 할 수 있다.

경찰서 형사과장님 사무실에 들어서는 순간 놀라지 않을 수 없었다. 경찰 입장에선 어떤 자료가 중요한지 모르고 또한 공학 자료가 복잡하기 때문에 건설사의 거의 모든 자료를 압수수색해서 가져오신 것. 말이 압수수색이지 건설사 사무실을 통째로 옮겨온 상태였다. 그 자료를 분석해서 우리가 실제 필요한 자료를 선별하는 작업만도 일주일이 넘게 걸릴 것 같았다. 하지만 돌아오는 형사과장님의 말씀은 빠른 원인에 대한 피드백이었다. 사안이 중요한 만큼 나름대로 신경 써보겠다고 말씀드렸지만 한숨이 나왔다.

이틀 정도에 그 모든 자료 중에서 우리가 필요로 하는 자료를 설계사와 시공사, 감리사를 불러 대질해가며 선별하여 확보하기 시작했다. 막막하기만 했던 사고 원인이 꼬여 있던 실타래를 풀듯 하나하나 풀리기 시작했고 사고 당시 방호벽 타설 작업이 완료 중이었고 전도된 방향 역시 방호벽이 있는 방향이며 시공상 설계와 다른 콘크리트 타설량이 공급되었음을 파악할 수 있었다.

흔적 검사, 형태 및 형상 검사, 슬래브 단면 검사, 사고 재구성, 구조해석 등을 통해 좀 더 확실한 근거를 조사한 후 감정 결과를 경찰서로 통보했을 때 또 하나의 사고를 끝냈구나 하는 안도감과 이에 반해 법원에서 본 감정 결과에 대해 불러 일으켜질 여러 가지 논란에 대한 불안함이 교차하는 마음이었다. 그리고 다른 사고에 정신없이 현장을 뛰어다니고 있을 때 강서경찰서 강력팀장님께서 다급한 목소리로 "검찰 지휘가 내려왔는데 현재 시공사와 감리, 설계사가 서로 책임에 대해 인정하지 않고 서로 자기 쪽은 책임이 없다는 입장이고 여러 가지 논란이 많으니 이를 국과수에 가서 정리해오라고 하시네요."라는 말씀을 전하셨다.

솔직한 마음에 기계전공을 한 나에게는 토목 전공과 관련이 깊은 다리 붕괴 사고 등은 감정을 하는 데에는 부담이 많이 되었기에 더 이상의 감정은 진행하고 싶지 않은 입장이었다. 국과수는 감정에 있어 간부진보다는 감정인이 가지는 책임이 다른 기관보다는 좀 더 특별하고, 법과학 분야를 다루는 화학과, 마약과와는 달리 사고 해석을 다루는 법공학 분야는 전문가가 가지고 있는 지식 및 경험 등에 따라 보는 시각이 큰 차이를 나타내므로 훨씬 부담스러운 부분을 많이 가지고 있다는 것은 이 계통에 종사하는 사람들은 이미 알고 있는 부분이다. 정중히 거절을 하고 솔직한 말씀을 드렸고 다른 사건의 현장 조사를 마치고 연구소로 복귀했을 때 강력팀장님께서 과장님 방에서 면담을 하고 계셨다.

지친 몸을 이끌고 과장님 호출로 들어갔을 때 "김박사 도와드릴 것 있으면 도와드려." 하시고 그 옆에서 강력팀장님은 "최고의 안전사고 전문가가 도와주셔야죠." 하시며 한 술 더 뜨시는 분위기였다. 감정인의 부담에 대해서는 과장님께 몇 번이고 말씀드린 바에도 불구하고 또 그런 말씀을 하시니 일단 상황을 한 번 판단해서 할 수 있는 부분은 하자는 쪽으로 방향을 잡고 시공사, 감리사, 설계사간의 논란 사항과 각자가 주장하는 바를 증명할 자료 등을 준비해서 오라고 전달한 후 시간과 일정을 정하고 헤어졌다.

감정 결과에 대해서는 다들 수긍하고 있으나 그 결과에 이르기까지 시공사는 설계가 제대로 되지 않았다는 입장이고, 이에 대해 설계사는 시공사와 감리가 작업을 잘못했다는 입장이었다. 본 사고 구간은 기존 구간의 확장 구간으로 확장 구간의 설계를 맡은 업체는 기존 구간이 정확히 건설되었다고 보고 기존 구간의 설계도를 기준으로 확장 구간을 설계했고 시공사 및 감리는 실제 기존 구간의 시공이 설계도와 다른데 이를 실측하여 파악하지 않고 확장 구간을 설계했다는 문제점이 대두되었다. 실제 기존구간의 시공이 이미 구간을 우측으로 편심되어 있는 상태에서 이에 더하여 확장구간의 방호벽까지 더 크게 시공되면서 문제가 발생한터라 기존 구간의 시공 과실까지 이 사고에서 책임을 물어야 되나 하는 부분이 입장 정리가 하기 힘든 부분이었다.

사건 검찰 송치 후 결국 시공사, 감리에 대한 영장실질심사에서 구속영장이 기각되어 불구속으로 검찰의 사건 수사는 계속 진행 중이다. 구속을 시키느냐의 여부가 중요한 경찰서 입장에서는 나름 고생했는데 수사팀이 힘이 빠져있는 모습이었다. 뒤에 들었던 이야긴데 모 의원의 저축은행 비리 사건을 변호했던 변호사가 이 사건을 맡았다고 한다. 모형을 준비해서 변호를 했다는 말을 듣고 훌륭하신 변호사 분이구나라는 생각도 들었지만 큰 사건을 담당했던 분이라 전관예우도 많이 작용하지 않았을까 하는 생각도 들었다. 어쨌든 이 사건도 대법원까지 가리라 생각한다. 사건 소송

시간이 길다는 것은 감정인에게는 사건 공판이 끝날 때까지 신경을 계속 쓰고 있어야 되니 민감한 부분이 아닐 수 없다.

경찰서장님과 영도북항대교 붕괴

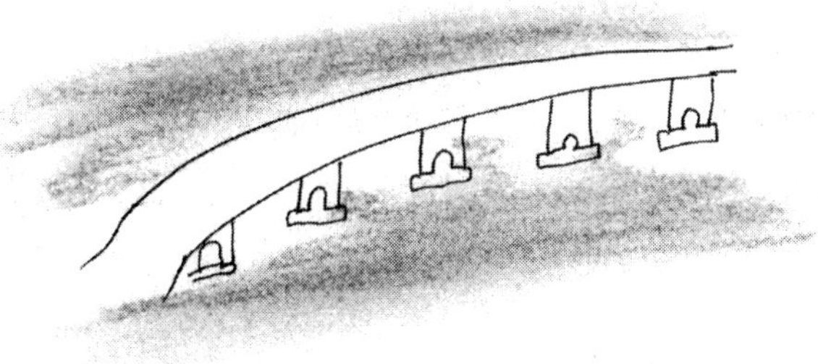

2013년 12월 19일. 연말 분위기에 한창 들떠 있을 시즌. 10월 말 이루어진 혁신 도시 공공기관 이전으로 인해 국과수 본원도 강원도 원주라는 낯선 도시에 자리를 잡은 지 약 한 달 반 정도가 지나가고 있는 시점이었다. 원주로 이전해서 왔으나 안전 분야는 전국구로 감정을 담당하고 있던 터라 일주일에 서울, 경기를 3일 이상 왔다 갔다 하고 있었고 장비가 제대로 세팅되지 않은 어수선한 분위기에서 강원도 원주라는 새로운 보금자리에 적응하기 위해 안간힘을 쓰고 있을 때였다.

그때 부산에서 다리 붕괴사고 소식이 언론을 타고 속보로 긴급하게 전해졌다. 부산이라는 도시는 붕괴사고와 같은 대형 안전사고는 자주 발생하지 않은 터라 작업자 4명이 사망한 소식은 중앙정부에서도 매우 민감하게 반응하고 있는 상태였다. 부산이 고향이지만 사고가 발생한 영도는 내가 어릴 적에는 부산 지역 사람의 경우도 좀 낯선 곳이라 여겼던 동네로 남항대교 북항대교라는 용어 또한 나에겐 낯설게 느껴졌다.

부산에는 국과수 남부분원이 있어 원주에서 부산까지는 긴급대응이 어려워 부산에서 진행하겠거니 생각했는데 혹시나 했는데 역시나 부산을 다녀오라는 지시가 내려왔다. 일단 업무 관할을 떠나서 인명 피해가 크고 사안이 워낙 중요한 사건이라 지휘부에서도 많이 민감해하는 듯 했다. 아침 일찍 급히 짐을 챙겨 5시간이 지나서야 부산 영도 경찰서에 도착했다. 부산이 따뜻할 거라고 생각했던 나의 짐작은 착각이라는 것을 깨달았다. 바다가 근처라 바람이 몹시 불었고 날씨 또한 매섭게 추웠다.

도착하자마자 영도경찰서장님, 형사과장님과 함께 바로 붕괴 현장으로 나갔다. 보통 경찰서장님 정도 되시면 뒷짐 지고 계시다가 한 10분 둘러보시고 상부 보고 업무 등으로 들어가시는 게 관행인데 당시 영도경찰서장님을 비롯한 영도 형사분들에게는 참 독특하다는 느낌을 받았다. 경찰서장님께서 날씨가 어두워질 때까지 모든 걸 하나하나 확인하며 다니셨고 처음에 그냥 반장님 정도의 계급으로 나를 생각하게 했던 형사과장님은 손수 저희의 손발이 되시며 현장에서 저희를 지켜보고 계셨다.

이에 질세라 나도 힘을 얻어 상부슬래브부터 지상 추락 현장까지 하나하나를 꼼꼼히 살펴보기 시작했다. 나도 서울 생활을 십몇 년 했던 터라 웬만한 추위는 쉽게 견딜 수 있을 거니 생각했는데 그날 내복을 입고도 몸이 떨릴 정도로 날씨는 무지 매서웠다. 해는 저물어 가는데 공사 중 붕괴사고는 공사 중 사용하던 콘크리트 타설물이 비산되어 굳기 시작하고 크레인 없이는 모든 게 지상에 떠있어 접근이 어려운 관계로 우리도 지쳐가고 있었다. 일단 붕괴 구간 시작점은 파악했고 그 지점을 중심으로 모든 철재 잔해가 쏟아진 형태가 나타남을 확인하였다.

붕괴 시작점을 중심으로 작업을 위해 설치되어 있던 까치발이 좌우로 변형되고 까치발 부재 내부의 변형 없이 연결부만이 파손된 형태를 띠는 특이점이 식별되어 이 부분에 좀 더 집중하려 했으나 까치발 사전 설치 작업 불량 등에 관한 진술이 전혀 없던 터라 그쪽으로 몰아 좀 더 분석하기에는 판단이 서지 않았다. 그렇게 해가 저물었지만 사고 조사자가 현장을 보고 느끼는 사고 원인에 대한 70%의 직감이라는 것이 잡히지 않았다. 모두가 나만 바라보고 있는데 큰일이었다. 어찌 해야 할지... 일단 따뜻한 순대국으로 몸을 데우고 간단히 반주를 한잔하면서 어찌해야 될지 깊은 고민에 빠졌다. 어쩔 수 없이 토요일 휴일을 반납하고 하루 더 부산에 머물기로 했다.

그날 새벽 형사과장님께서 카톡으로 보내오신 소식은 나에게 다음날 현장조사의 기대감을 크게 만들었다. 내용인 즉 사고 당시 까치발 설치가 잘못되어 보강 작업을 한 이력이 있고 원래 설치가 잘못되면 완전 해체 후 재설치를 해야 되지만 그냥 강목과 철사 등을 이용해서 보강 작업을 했다고 하는 작업자 진술을 찾아 받아냈던 것이었다. 70% 안 되던 직감이 70% 확신으로 바뀌는 순간이었다. 분명히 까치발 사전 설치 작업 불량이 있었다면 붕괴되지 않은 곳에서도 특이점이 나타날 거라 생각했다. 전체 구간의 작업 내용은 비슷하므로 붕괴 구간에 작업 불량이 있었다면 붕괴되지 않은 구간에서도 사고가 발생할 수 있는 잠재 위험이 내재되어 있다는 확신이 있었다.

다음날 아침. 아직 칼바람과 추위는 누그러지지 않은 상태. 남부분원 이공학과장님이 사주신 마스크를 감사히 받아 끼고 다시 사고 현장으로 달려갔다. 사고 현장으로 들어가면 전체 공사 형태를 볼 수 없기에 일단 도로 주변에서 설치된 까치발의 상태를 살펴보았다. 내 예감이 맞았다고 느꼈을 때 희열감마저 들었다. 붕괴 구간 외에 설치된 까치발에서 까치발 비틀림 상태, 설치 간격 불균일 상태, 까치발 상부 고정단 핀과 핀 홀의 간극으로 인한 설치 불량 상태, 까치발 하부 고정단 이탈 상태 등의 설치 불량 상태가 식별되었다. 잠정 원인은 일단 파악이 된 상태였고 이제 언론 및 부산시에서 나온 추정 원인에 대해 한 가지씩 배제해나가는 작업만이 남아 있었다.

우선 부산시에서 사고가 나자마자 언급한 펌프카 충돌 가능성은 실제 펌프카를 사고 당시 형태로 재구성해본 결과, 전혀 신빙성이 없는 상태였다. 사고 당시 펌프카 붐대는 이미 세워진 채 타설이 이루어지고 있었고 펌프카 붐대와 까치발 설치 부재까지의 거리가 4.3m가 이격되어 있어 펌프카 붐대를 세우다 구조물에 충격했다는 추정과 바람이 불어 붐대가 흔들려 까치발 부재에 충격했다는 추정은 터무니없었다. 또한 타설이 사고 구간에 집중적으로 이루어져 집중하중으로 인해 붕괴되었다는 추정도 마지막 자바라 타설 흔적 등이 남아 있는 것으로 보아 배제가 충분히 가능한 상태였다.

거의 사고의 전말을 파악해가고 있던 시점 부산경찰청장님께서 격려차 현장을 방문하셨다. 카리스마 넘치는 여자분이셨다. 과학수사를 오래했던 분이라 현장도 하나하나 꼼꼼히 살피시는 것 같았다. 빠른 감정을 몇 번 부탁하시고 금일봉을 전달해주시면서 난로 하나 갖다 놓지 라는 정이 깊은 말씀을 하시고는 유유히 사라지셨다. 짐을 부랴부랴 챙겨서 원주에 도착하니 토요일 저녁 11시경, 메모 보고를 올려놓고 결국 다음날 일요일까지 근무하며 자료를 다시 한 번 검토한 후 감정서를 써내려갔다. 국과수의 발 빠른 대응으로 사건이 잘 마무리 됐다고 많은 분들이 격려해주셨고 덕분에 부산지방경찰청장님 표창을 받는 영광도 안았다.

마우나리조트에 퍼부은 많은 눈

2014년 2월 12일. 여수 한화 폭발 사고 현장에 현장 조사 갔던 총기실장님이 크게 다쳤다는 소식에 현장조사 시 안전 문제 등으로 연구소 내 지휘부는 우왕좌왕하고 있는 시기였다. 언론에 보도될 정도로 폭약이 폭발하면서 과학수사요원 1명과 함께 화상 및 골절 등을 입어 현장 조사하는 우리에게도 시사한 바가 큰 사건이었다. 병원을 어떻게 이송하느냐 등의 문제를 가지고 사고 발생 주에 당직이 걸려 있던 나에게는 총기실장님 병원 문제 해결 등 여러 가지 책임이 주어졌다. 당직을 서면서 "요즘 참 큰 사고가 없어 다행이네요." 하는 말을 당직 정과 나누고 있던 차에 말이 씨가 되지 않았나 싶었다.

당직 직후 월요일 2014년 2월 17일 저녁. 감기가 심하게 걸려 가래와 기침, 콧물과의 사투를 벌리고 있던 중 약을 먹고 잠을 청하고 있을 새벽 0시경. 과장님의 급박한 전화 한 통이 걸려 왔다.

“김박사, 경주에 건물 붕괴 사고가 났는가 본데. 모니터링 해보고. 내일 일찍 나와서 대응하세요.” 전화를 끊고 나서 좀 서운한 마음도 들었다. 2주를 당직과 출장에 겹쳐 집에도 가지 못하고 일주일간 감기와 사투를 벌리고 있는데 몸은 좀 어떠니 등의 안부는 일체 말이 없었다. 일단 몸이 좀 돌아와야 현장조사를 가지라는 마음으로 약에 취해 그날은 아무 생각 없이 잠을 청했다. 아침에 좀 가볍게 일어나야지 하는 생각과는 달리 약기운은 나를 돕지 못했다. 몸살도 심하고 가래, 기침에. 병원이라도 좀 다녀와서 경주를 가면 좋으련만 생각했지만 아침에 일어나 체크해본 경주 마우나리조트 붕괴 사고는 내가 이러고 있으면 안되겠구나! 할 만큼 사망자와 부상자가 많은 사고였다. 안전사고라기보다는 피해 규모와 사회적 여파가 너무 커서 재난이라고 표현하는 것이 맞는 듯 했다.

일단 언론을 통해서 본 건물의 붕괴원인은 적재된 눈의 무게로 인해 중앙 지붕이 내려앉은 듯 했다. 안전사고와 붕괴 관련 일을 오랫동안 해오던 터라 원인에 대해 보통 초기 느낌이 거의 맞아가는 편이 많았다. 나름대로 일찍 출근한다고 연구소를 나갔으나 늦게 왔다고 과장님에게 핀잔을 들은 후 부장님과 과장님을 모시고 바로 경주로 내려 가야하니 준비하라는 말씀을 들었다. 태안유조선 사고를 비롯해 수 없이 많은 큰 사고를 거의 혼자서 담당해왔지만 부장님과 과장님을 모시고 내려가는 일이 현장 조사를 하는데 크게 도움이 되지 않는다는 걸 알기 때문에 그리 반갑지는 않았다.

이번에 내려가는 것은 국회의원 분들, 정부 주요 인사들에게 얼굴 보이기를 위한 들러리를 서주러 가는 것이라 실제 조사 전에 예비 조사를 간다는 마음으로 관용 차량을 끌고 경주경찰서로 향했다. 대구청 및 경주서 과수팀이 우리를 반겨 주었으나 수사본부와 연계가 되지 않아 현장으로 가야될지 수사본부로 가야될지, 수사본부는 어디에 있는지, 누굴 만나야 될지 한동안 우왕좌왕하고 있던 차에 합동 감식을 위해 부산 과학수사연구소와 대구 과학수사연구소의 이공학팀들이 도착하기 시작했다. 사실 지원을 위해 국과수 분소에서 이공학팀 분들이 오셨지만 주감정인이 나인 상황에서 나머지 분들과 얼마나 어떤 일을 분담해서 해야 할지는 머릿속에 그다지 떠오르지 않았다.

현장 진입이 어려워 일단 리조트 주변에 차를 주차하기 위해 움직이던 중 한 분이 창문을 두드리며 "이 분 국회의원인데 같이 좀 타고 가시죠." 하는 분의 목소리가 들렸다. 속으로는 국회의원 맞아 싶기도 하고 어쨌든 현장이 바로 앞이라고 말씀드리고 사이드에 주차한 후 우리도 일단 차량에서 내렸다. 본 사건을 지휘하던 부장검사님과의 만남을 현장에서 감식반이 주선하고 있던 중에 안철수 의원이 지나갔고 그 옆에 아까 차 좀 빌려 타시려 했던 국회의원이라는 분이 서서 계셨다. 언론에서 한번쯤 뵌 분이다 싶었더니 이번엔 안행부 국회의원 분들이 또 현장을 찾았다. 현장조사가 어려운 상황이었다.

언론은 그분들 취재한다고 바쁘고 현장은 온통 카메라와 방송사들 간의 전쟁. 콘도 2층 복도에서 검찰과의 만남이 이루어졌고 객관성 확보를 위해 강구조학회 등과 합동감식 의견을 내는 분위기였다. 사실 큰 사고 때 학회 및 관련 공단 등과의 합동감식 의견이 많이 나왔지만 학교에서의 과제, 공단에서의 안전진단 등과 사고조사와는 보는 측면이 다른 부분이 많이 있기 때문에 국과수 내에서는 현장조사 시 방해만 될 뿐 크게 반기지 않는 분위기였다.

일단 그분들과 현장을 다음날 같이 상세히 살펴보기로 하고 예비 조사 관점에서 국과수와 과학수사팀만이 현장에 우선 진입했다.

붕괴 건물은 아주 처참한 형태였다. 사고 당시 피해 학생들의 유류품으로 보이는 옷과 각종 소품 등이 흩어져 있었고 무대 시설도 붕괴된 건물 지붕 아래에 압착되어 형태를 알아보기 힘든 상황이었다. 1시간 반 여를 돌아보고 일단 원주로 복귀하기로 결정하고 밤늦게 연구원으로 돌아왔다. 붕괴 사고 현장을 수차례 조사해본 경험이 있어 처음 내려갈 때는 원인규명에 대한 확실한 자신감도 있었지만 상부에서 보는 시각, 논란이 많은 언론 보도, 건축에서의 전문가 풀 등 나에게 쉽지 않은 감정이 아닐까 하는 생각이 들었다.

마음을 다시 가다듬고 일단 무엇을 할지 나름대로 이틀간 정리하고 다음 주 월요일 원인을 찾지 못하면 올라오지 말라는 과장님 당부와 함께 다시 우린 경주로 향했다. 일단 경주에 가기 전 영천에 있는 설계 및 메인 빔 시공 업체에 들렀고 설계 내용이 맞는지를 먼저 검증했다. 처음 보는 프로그램으로 설계를 진행했는데 최적설계 개념을 도입하여 비용을 최소화하여 최적의 형상을 설계하는 방법을 사용하였는데 최적설계 및 구조를 전공한 나로서는 충분히 이해할 수 있는 내용이었다.

저녁 늦게 다음날 현장 감식을 위해 경주에 도착했는데 광역수사대장님 전화가 왔고 미팅을 위해 식사를 같이 하며 다음날 진행될 내용 등을 먼저 공유하고 필요한 장비들에 대해서도 부탁해놓았다. 다음날 현장감식이 있다는 것은 언론에 이미 나간 내용이라 오전에 도착했을 때 1차 감식 때보다도 훨씬 많은 언론들이 우리를 지켜보기 위해 둘러싸고 있었다. 그날 감식을 국과수 2명만이 주관했기 때문에 모든 카메라는 우리의 행동 하나하나를 놓칠 세라 실시간으로 찍고 있었다.

일단 1차 감식 때 못한 부분을 상세히 살펴보기 위해 경북청 과수팀과 경주서 과수팀에게 치수 측정, 하부지지 구조 측정 등에 대해 업무 분담을 시켜놓은 후 이리 저리 오가며 혹시 다른 안전사고가 발생하지 않을지 등을 유심히 살펴보면서 업무를 챙겼다. 오후에는 서울대 물성 측정팀이 내려오기로 되어 있었기에 어떤 부분을 어떻게 측정할지 계속 고심하고 있었다. 국과수 내에 오래된 물성 측정 장비가 있긴 하나 이번에는 시료 채취가 어려워 미리 알고 있던 서울대 팀에 개인적으로 부탁해서 휴대용 기기로 측정하기 위해 요청해놓은 상태였다. 한 연구소에 이 정도 하려면 가격이 어떻게 하는지 물어보니 약 2천만 원 이상을 부르던 터라 그때 개인적이긴 하나 비용 한 푼 받지 않고 바로 내려와 줬던 서울대팀에게 감사함을 이제야 글로 전한다.

원래 계획은 이렇게 모든 것을 완료하고 다음날 올라가기로 되어 있었으나 붕괴구간이 눈과 붕괴된 부재에 묻혀 있던 터라 그 부분을 확인하지 않고 올라간다는 것은 주변만 들러보고 가는 것 밖에 되지 않아 하루 더 머물러 발굴조사를 마치고 올라가려고 하루 더 경주에서 묵었다.

다음날 아침에 일어나니 여기 저기 날아든 생일 축하 메시지. 그때서야 오늘이 내 생일이구나! 라는 생각이 들었던 것 같다. 생일날 여기 와있는 현실이 안타깝기도 했지만 그날 그래도 동료가 사준 아침 한 그릇을 위안삼고 다시 현장으로 향했다. 사실 붕괴 현장은 경주라고 하나 울산에 훨씬 더 가까워 경주시내에서는 한 시간 이상 거리에 있어 오가는 시간도 만만치 않았다. 이야기를 듣긴 들었지만 아침부터 강구조학회 전문가들이 나와 여기 저기 분주하게 움직이고 있었다.

하지만 좀 불편한 점은 있었다. 국과수팀 같은 경우는 안전 등을 위해 최소 부위만을 거의 절단 없이 측정이 가능한 방법을 이용하여 기계물성 측정을 시도했지만 강구조학회의 경우는 여기저기 온통 용접기를 갖다 대며 조선소 선박 건조 작업을 방불케 했다. 추후 작업이 있던 터라 현장 안전 등을 위해 일단 이래서는 안되겠구나 생각하고 강구조학회에서 나오신 분에게 시료 채취는 저희가 결정할 문제가 아니지만 안전을 위해 시료 채취 부위 및 개수 등은 국과수팀과 함께 의논하기를 요청 드렸다. 사실 강구조학회의 경우는 검찰에서 용역비를 상당히 받고 많은 인원들이 좋은 장비를 이용해서 일사천리로 움직이고 있던 터라 무일푼에 장비도 제대로 없이 고생했던 부분에 있어서 좀 답답한 생각도 들었다.

강구조학회는 검찰 측의 요구로 진행하고 있다고 말했고 나는 경찰 수사본부에 이런 부분에 대해서는 이야기가 필요하다고 판단해서 일단 의견을 전했다. 일단 시료 채취 작업이 중단되고 우리는 그동안 붕괴 구간 확인을 위한 샌드위치 패널 수거 작업을 동원된 크레인을 이용하여 시작했다. 그런데 내가 수사본부에 전한 내용에 경찰과 검찰 수사본부가 입장 차이를 보였는지 한 검사님한테서 전화가 왔다. “김박사님 혹시 샌드위치 패널 발굴 작업 영장 받아서 하시는 건가요?” 사실 그 말을 듣고 좀 황당하긴 했다. 태안유조선 사고부터 큰 사고를 8년 정도 해오던 중에도 단 한 번도 국과수가 발굴 작업을 하는데 있어 영장 이야기가 나온 것은 이번이 처음이었기 때문. “일단 법리적 절차가 필요하니 작업을 중단해 주십시오.” 검사님과 통화를 마칠 때쯤 비가 쏟아지기 시작했다. 어차피 현장 작업을 할 수 없던 상황이라 일단 기다려 보기로 하고 비를 맞아가며 한동안 과수팀과 함께 멍하니 서있는 것 밖에 우리가 할 수 있는 일은 없었다. 그저 마음이 씁쓸했다. 오늘은 생일이고 그것도 현장조사 하러 이렇게 와있는데 비 피할 곳이 없어 비를 맞고 서있는 현실이.

사실 수사본부에는 높으신 분들이 많아 간식거리 등이 떨어지지 않게 조달되는 것과는 현장 상황을 비교하니 좀 너무하다는 생각도 들었다. 광역수사대장님께 비 피할 수 있는 곳을 전화로 요청 드렸고 어쨌든 우는 아이 떡 하나 더 준다고 정보팀을 통해 콘도 방 하나를 대여 받을 수 있었다.

그 모든 것이 진행되던 중 비는 억수같이 계속 쏟아졌고 안개 또한 바로 앞을 알아볼 수 없을 정도로 끼여 있었다. 다행히 절차 문제는 잘 해결되어서 다음날 다시 작업을 재개하기로 하고 저녁 6시경에 리조트를 나왔다. 참 우연이라고 하기엔 경주과수팀장님이 그날 또 생일이었다. 우리는 어떻게 현장조사 하러 나온 인원 두 명이 그것도 여기서 생일을 같이 맞이하다니 하면서 다들 비 덕분에 현장을 일찍 접고 나온 터라 간단히 삼겹살에 반주 한잔 정도를 위해 식당으로 향했다. 가족은 아니었지만 과수팀 여러 사람한테 받아보는 반주 한 잔의 메시지에 마음 깊은 동지애를 느꼈고 아마도 이 날 먹었던 삼겹살은 잊지 못할 것 같았다.

우린 또 다음날 작업과 업무 마감을 위해 저녁을 먹으며 간단히 회의를 한 후 숙소로 향했다. 다음날 비가 오면 안 되는데 하는 생각에 걱정을 하며 일어나자마자 창문을 열었다. 다행히 비는 그쳤고 안개 또한 아침이 되면서 걷히는 분위기였다. 본격적인 샌드위치 수거 작업과 붕괴구간 발굴 작업이 시작되었다. 그날은 정말 봄날과 같은 날씨라 봄날에 눈을 파고 있으니 이상한 생각마저 들었다.

조명 시설을 들어내고 손으로 눈을 파가며 붕괴구간 한 부분 한 부분을 확인해나갔다. 땀이 온몸에 범벅이 될 정도로 힘든 하루였다. 이제 나름대로 정리했으니 다음날 올라갈 수 있겠네 라고 생각하며 저녁쯤 작업을 마무리하던 중. 걸려온 또 한 통의 전화 “박사님 내일 수사발표가 있는데 혹시 참석가능하신지요?” 광역수사대장님 목소리였다. 근데 감정서가 나가지도 않은 상황에서 갑자기 웬 수사발표? 좀 난감했다. 아무리 봐도 이건 아니다 싶어 과장님께 전화해서 상의했고 간단한 내용 정도만 발표에 싣는 것으로 마무리했다. 전해 듣기로는 장관님께서 의혹이 많으니 중간 수사발표를 하라고 지시가 내려와서 어쩔 수 없이 급하게 발표한 내용이라고 했다.

사실 이 수사의 핵심은 눈이 많이 온 것은 맞지만 그건 자연재해라 그걸로 과실 책임을 묻기 힘드니 최대한 과실을 입증할 증거를 찾아내는 것이었다. 그 모든 것을 수사본부에서는 공학적 사고의 경우는 내용을 잘 모르니 나에게 의지하는 상태였다. 다음날 올라가는 것도 일단 연기. 우린 건물을 지지하고 있던 기둥이 뽑혀 올라간 부분에 대한 검증이 반드시 필요하다고 의견을 모은 후 포크레인 등을 불러 땅파기 작업을 시작했다.

그날은 수사본부에서 커피와 초코파이가 배달되어 왔어 이런 호사가 있나. 한 번 누려봐 하고 농담이 오가곤 했다. 그리고 다음날 작업을 재개한 강구조학회. 검찰에서 의뢰된 일이라 뭐라 할 수는 없는 상태였지만 여기 저기 또 시료 채취와 부재 측정 등을 진행하고 있었다. 우리가 전날 고생하며 발굴했던 붕괴구간을 아무 노력 없이 그냥 편하게 사진만 찍고 있는 모습에 이런 것을 두고 '손 안대고 코푸는 격'이라고 하는 구나라는 생각이 들었다. 더욱이 우리 팀이 하부지지 구조 파악을 위해 땅을 파헤치고 삽질을 하고 있을 때 완료되는 상태를 보아 찾아와 또 편하게 사진만 찍고 가는 모습. 좀 너무하다는 생각이 들었다.

사실 개인적으로 느끼기에는 미안해하는 모습은 전혀 보이지 않았고 어떻게 보면 용역비를 상당히 받고 하는 사람들이 저렇게 상식이 없나 싶기도 했다. 우린 수사가 진행 중이라 종합 발표 전에는 지금까지 한 내용을 비밀에 붙이지만 강구조학회의 경우는 아무 제한이 없으니 그렇게 고생하며 파악한 내용을 그저 쉽게 자기네들이 한 것처럼 돌아가 언론에 브리핑하는 모습에 좀 황당하기까지 했다.

기자단들도 모여들고 학회 사람들이 좀 얄밉기도 하고 해서 의경을 시켜 일단 감정물 보호라는 목적으로 작업 상황을 비공개로 진행했다. 솔직히 이런 사소한 감정들로 에너지를 낭비하고 싶은 생각은 없었지만 그래야 마음이 좀 풀리는 건 아직 내가 마음 너그러운 성인이 되지 못한 평범한 사람이라 그런 것이라 마음의 위안을 삼았다.

그날 작업은 베테랑 작업자 덕분에 빨리 마무리가 됐고 원주 연구원에 도착하니 저녁 9시. 일주일을 경주에서 보내고 온 상태. 애들이 방학이라 부산 처가에 있어서 원주로 올라온 다음날 부산을 갔다 오니 정말 몸이 만신창이 된 상태였다. 외지 생활과 장시간 운전은 당시 나에겐 매우 버거웠던 것 같았다. 관용차 뒤 트렁크에는 설계도 등을 담은 수 개의 박스, 현장에서 수거해온 볼트 등. 진짜 업무는 연구원 복귀 후 시작되었다.

현장 조사 당시 그래도 많은 부분을 캐치하고 온 터라 우선 기준 부분에 대해서만 유심히 좀 더 살펴보고 일을 시작해야겠다 생각하고 기준 분석에 연구원 두 명과 함께 주말을 반납하고 달려들었다. 쉽지 않은 과정이었다. 3주 정도를 집에 가지 못하며 가족이 보고 싶은 마음을 비우고 유족들의 마음을 생각하고 달래며 분석에 열의를 쏟았다. 매일 매일 연락이 오는 검찰과 경찰 수사본부. 그 분들은 또 얼마나 힘들지 안 봐도 가늠되는 상황이었다.

검찰에는 강구조학회를 포함한 전문 감정단이 꾸려져 학회 차원에서 여러 가지 검토가 또한 진행되고 있었다. 검토 내용을 실시간으로 받아 가며 놓치고 지나가는 게 없는지 면밀히 살폈다. 100년 만에 내렸던 많은 양의 적설. 어찌 보면 간단한 결론일지 모르나 설계와 시공이 제대로 되었다면 발생하지 않을 사고였다는 것으로 본 사건에 대한 에피소드는 마무리 지으려 한다.

사건을 조사하며 느낀 거지만 기준의 경우도 적혀진 문항 하나를 보고 전문가별로 해석하는 방법이 정말 다르다는 것도 다시 한 번 깨달았다. 그래서 법공학은 법과학하고는 달리 항상 법정에서 논쟁이 많고 이에 비례해서 사고로 잃는 사람도 있는 반면에 얻어가는 사람도 많은 영역인 것 같았다. 아마도 태안 유조선 사고 때와 같이 2년 정도를 검찰과 법정에 불려 다녔던 것 같다.

다만 이와 같은 사고가 다시는 발생하지 않기 위해 소 잃고 외양간 고치는 형태의 수순은 이제 사라져야 하지 않을까를 생각하며 내가 국내 안전을 위해 무엇을 할 수 있을지 다시 한 번 되새기게 한 사건이었다.

영원히 잊지 않으리라! 세월호!

2014년 들어서 대학생 신입생 오리엔테이션에서 10명의 인명 피해를 일으킨 경주 마우나리조트 붕괴사고 조사를 위해 정신없는 나날을 보내다 어느 정도 사건이 마무리될 무렵 호남 고속철 납품 비리 관련해서 서울 광역수사대와 고속철 설비로 납품된 전차선 및 조가선의 성능 문제 등에 대해 실험을 한창 진행하고 있었다.

4월 16일. 그날은 납품 비리 수사의 일환으로 고속철 설비 성능 평가가 필요했으나 측정 장비가 없어 연구원에서 실험이 불가하여 강릉원주대에 친분을 갖고 지내던 최교수님을 찾아뵙기 위해 아침부터 분주했다. 출발 전 화장실에 들렀다가 잠시 켠 스마트폰 검색 엔진을 통해 긴급 속보가 전해졌다. 인천항에서 제주항으로 가던 여객선 침몰! 안산 단원고 수학여행 학생 탑승. 총 탑승자 470여명. 청천벽력과 같은 내용이었다. 하지만 출장을 나가다 들어와서 틀어본 TV에선 여객선이 완전히 전도된 상태는 아니었다. 구조가 이루어지는 모습이 보이니 큰 문제는 없겠지 라고 생각했었다. 일단 출장을 가기로 한 강릉원주대로 차를 몰았다.

관용차엔 DMB가 없었기 때문에 그래도 나름대로 라디오를 틀어 놓고 추후 사고 진행상황을 청취하고 있었다. 그리고 들려오는 반가운 소식. 340여명 학생들 모두 구조. 안도의 한 숨을 쉬었고 나머지 탑승자도 모두 구조되었으면 하는 바람이었다. 그런데 사고 조사를 하는 나로서는 그렇게 하면 안 되는 걸 알면서도 왠지 좀 신뢰성이 없는 소식으로 느껴졌다. 아침 9시경에 사고가 발생했는데 10시경쯤에 340여명의 학생들을 구조한 후 그 생사를 다 파악하여 구조 소식을 전한다는 게 가능한 시간일까 하는 의문도 들었지만 매우 반가운 소식에 여객선 사고에 대한 걱정은 어느 정도 뒤로 하고 강릉에 도착했다.

오래간만에 만나 뵌 최교수님과 점심 식사를 한 후 여객선 사고에 대한 이야기를 나누며 예전 천안함 어뢰 분석을 같이 했던 추억도 떠올렸다. 당시 천안함 어뢰의 생산 수준 등을 평가하기 위해 손상진단 전문가이신 최교수님과 함께 강릉원주대에서 여러 실험이 진행되었고 상황이 급박해 어뢰 일부를 국방부에서 절단한 후 서울에서 강릉으로 가져와 3일 정도 최교수님과 밤새 토론하며 분석이 진행되었는데 여객선 사고가 나는 날 이번엔 호남 고속철 납품 비리 수사를 위해 여기에 와 있으니... 교수님은 항상 나를 학생들에게 경찰이라 소개하시며 국과수 다니는 나를 자랑스러워 하셨다. 그런데 자주 안부도 여쭙지 못하는데 급할 때마다 찾아뵙는 게 나는 항상 죄송스러웠다. 사고 조사에도 관심이 많으신 터라 내가 법공학 분야를 이야기 했을 때 매우 호기심 있어 하셨고 같이 작업을 해서 서울대에 법공학 연구회까지 만드신 분이라 다른 분들하고는 별다른 친분을 가지고 있었다.

같이 오신 정교수님께서 커피 한 잔을 이야기하셔서 기분 전환 겸 커피숍을 찾았을 때 오래간만에 만나 즐거웠던 분위기는 언론 보도로 아주 침울한 상태로 돌아섰다. 학생들 구조 소식은 오류가 있었고 출발지 및 목적지에서 인원 카운트가 두 번 중복되어 그렇게 되었다는 발표. 정말 기도하는 마음이 들기 시작했다. 과장님은 전화가 오셔 내일 진도로 내려가신다고 말씀하셨고 나에게는 일단 비상대기를 명하셨다. 언제라도 부르면 달려오라는 말씀이었다.

빨리 고속철 시험을 마쳐야겠다고 생각하고 저녁 늦게까지 시험을 마친 후 밤 11시경 연구원으로 돌아왔을 때 과장님은 퇴근하시지 않고 상황을 주시하고 계셨다. 과장님이 퇴근하지 않고 계신 걸 보니 구조 상황은 매우 심각해 보였다. 그제야 들어와서 본 언론 내용은 참혹했다. 사망 5명에 실종자 280여명. 정말 영화에서나 볼 만할 말 그대로 재난이었다. 미 언론에서는 한국 전쟁 이후 가장 참혹한 재난이라도 보도했다. 언론을 통해 본 여객선은 완전히 침몰되어 선저 일부만이 해수면에 드러난 상태였다. 집에 돌아온 후 새벽 늦게까지 언론을 시청하고 아침에 눈을 떠서 구조자 숫자가 바뀌기를 기원하며 제일 먼저 TV를 틀었다. 그러나 늘어난 사망자 숫자. 아 정말 마음이 너무 아팠다.

예전 고등학교 3학년 때 대형 태풍으로 집이 무너지고 어머니가 돌아가신 그 때 그 기억이 갑자기 떠올랐다. 당시 죽은 시인의 사회 비디오를 시청하고 있던 상황에서 갑작스런 집 붕괴. 그 안에 있는 누나와 나. 천장에선 벽체가 떨어지고 정말 죽는구나 하던 두려움. 그리고 눈을 떴을 때 약간 벌어진 탈출로. 그러나 심하게 다친 내 한쪽 다리. 그럼에도 살아 있는 누나. 빨리 이 집을 빠져

나가야겠다는 의지. 좁은 구멍으로 살아나왔을 때의 안도감. 그러나 보이지 않는 어머니. 연락되지 않는 아버지. 밤새도록 기다리던 아버지. 그리고 꼬박 하루 지나 들려온 어머니의 사망소식. 그 때 받았던 안타까움과 서러움. 끓어 오르는 분노감. 이 모두가 아마도 실종자 가족이 갖는 느낌이 아닐까 싶었다.

몇 년 만에 인양된 세월호. 아직까지 정확히 밝혀지지 못한 침몰 원인. 아무도 책임지지 않고 그렇게 또 지나갔고 지나갈 시간과 기억. 학생들의 죽음이 헛된 희생이 되지 않도록 이제는 바뀌어야만 한다는 생각에 오늘도 잠 못 이루며 안전사회 실현을 위해 이 한 몸 바치고자 결의한다.

1박 2일과 스킨스쿠버

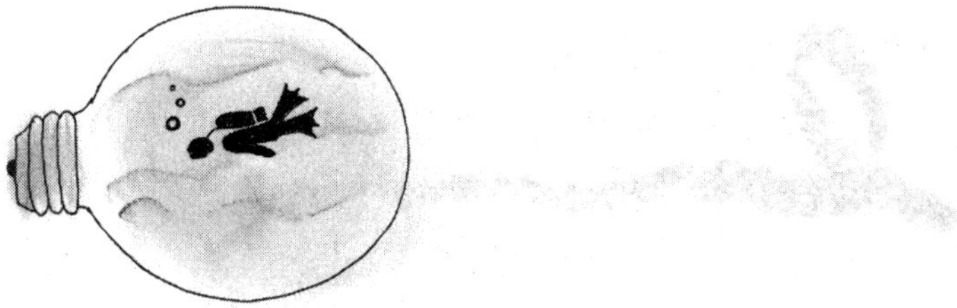

2014년 6월 25일. 평택해양경찰서에서 한 통의 전화가 걸려 왔다. 서울 연구소로 전화했는데 스킨스쿠버 변사 사건은 본원에서 한다고 나에게 전화를 돌려준 상태였다. 본원이 서울에서 원주로 옮겨 오면서 서울 연구소에는 화재 및 교통사고 관련된 업무만 긴급 현장 대응을 위해 남고 안전사고 분야는 원주 본원에서 서울, 경기뿐만 아니라 거의 전국 단위를 커버하고 있는 실정이었다.

안전사고를 담당하고 있던 사람이 나 밖에 없던 터라 주로 대형 안전사고 정도만 본원에서 담당하고 있었는데 스킨스쿠버 변사 사건과 관련된 장비 결함 여부 감정 등은 감정을 할 수 있는 인력이 서울에 없어 어쩔 수 없이 내가 맡아서 해야 되는 상황이었다. 안전사고 분야가 원주로 와서 달라진 점 하나는 강원도와 접해 있다 보니 스킨스쿠버 변사와 관련된 감정의뢰가 많이 늘어다는 점이었다.

일반 스킨스쿠버 사고와 동일 유형의 사고일 것이라 생각하고 장비를 수거해 원주로 보내달라고 평택해경에게 이야기 했다. 하지만 자세한 이야기를 들어 보니 이제까지의 사건과는 좀 차이가 있었다. 변사체 혈액에서 일산화탄소(CO)가 약 40% 정도 검출되었다는 이야기. 일산화탄소가 40%가 되는 수준은 질식이라고 봐야 될 수준이었다.

일반적으로 보일러 배기가스 질식사고의 경우 나올 수 있는 수치였다. 컴프레셔를 이용해 공기통에 공기를 공급하는 방식이라 컴프레셔 엔진 가동 시 배기 호스와 바람 방향에 따라 배기가스가 흡입관을 통해 들어가는 경우가 있어 우선 이를 의심하고 컴프레셔 잔류 내부 가스를 채취하고자 말을 건넸다. 하지만 컴프레셔가 백아도라는 섬에 있다는 것과 평택 항에서 경비정을 타고 3시간을 들어가야 된다는 것이 나를 멈칫하게 만들었다. 컴프레셔 감정을 위해 이동시간만 이래저래 이틀 정도는 걸릴 것 같았다.

공기 성분 채취를 위해 우선 화학과 동기 선생님에게 전화를 했다. 상황을 설명하니 전혀 가려는 눈치는 아니었다. 내가 대신 공기 채취까지 해주기로 하고 다음날 1박 2일 일정으로 평택 항으로 향했다. 처음 들어 보는 섬 백아도. 어쨌든 현장조사를 가는 장소니 정보가 필요할 것 같아 전 날 인터넷을 뒤졌다. 흥미롭게도 KBS에서 한창 인기를 끌고 있던 프로그램인 '1박 2일'의 촬영지였고 총 주민이 30명이 채 안 되는 서쪽에 있는 유인도로는 최서단 섬으로 사람들 왕래가 없어 자연 그대로를 간직하고 있다는 것이었다. 즐기러 가는 것은 아니지만 현장조사 후 흥미로운 섬 구경도 할 겸 길을 나섰다.

평택 항에 도착했을 때 유족 다섯 분들이 나와 계셨다. 어처구니없는 갑작스런 죽음에 매우 안타까워하셨다. 돌아가신 분이 스킨스쿠버 경력만 20년이 넘으시는 베테랑이라 더욱 죽음에 의문을 가지고 계셨다. 변사가 발생한 백아도 근처 해변이라도 한 번 둘러봐야겠다 하셔서 유족 다섯 분과 함께 소형 경비정을 타고 백아도로 향했다.

사실 그날 알게 된 사실이지만 해경 소형 경비정에는 화장실이 없어 작은 것은 바다에서 해결하고 큰 것은 신문지 등에 받는다는 현실을 알고 나니 매우 열악한 현실에도 열심히 근무하시는 해경 분들에게 고개가 숙여졌다. 세월호 침몰사고로 인해 해경 해체가 현실화된 상태여서 열악한 환경에서도 열심히 일해 왔는데 사기가 많이 죽어 있다는 정장님의 말씀이 마음에 많이 와 닿았다. 백아도는 제대로 된 배 접안 시설이 없어 큰 배가 들어오면 보트 등으로 다시 이동해서 들어오는 경우가 많다고 하는데 소형 경비정이라 다행히 백아도에 접안했다.

백아도 어촌계장님과 이장님 아드님이 우리를 반가이 맞아 주셨다. 일단 섬 구경은 뒤로 하고 컴프레셔 있는 어촌 회관으로 향했다. 백아도는 정기 노선이 없어 덕적도를 거쳐 들어와야 했고 들어온다고 해서 원하는 날짜에 나갈 수 있는 게 아니라 안개가 많이 끼기 때문에 때가 맞아야 된다고 하셨다. 섬을 두 개로 나누어 양방향으로 약 12가구씩 모여 산다고 하셨고 예전에 길이 없어 산을 넘어 두 마을을 왔다 갔다 하셨다는 옛 이야기를 들으며 어촌 회관으로 가는 잠시 10분 동안 섬과 바다의 어우러짐 등을 느껴 보았다.

우리를 마중을 나온 이장님 아들이 컴프레셔를 충진을 했다고 한다. 마을에서 제일 나이 어린 어촌 후계자. 백아도가 고향인데 군대 다녀와서 이쪽 일을 하고 싶어 젊은 나이에도 불구하고 다시 백아도로 들어왔다고 한다. 하지만 변사가 발생하니 개인적으로 안타까운 마음이 들었다. 백아도에 사람이 살고 난 이후로 사람 손가락하나 다치는 사고가 없었는데 이런 변사는 처음이라고 한다. 살기 좋은 마을에 이런 일이 발생하니 마을 전체의 분위기가 흉흉스러웠다.

배기가스 문제라고 추정하고 온 우리에겐 크나큰 어려움이 생겼다. 사고 컴프레셔 전기로 모터를 돌려 실린더가 압축하는 방식으로 배기가스가 발생하지 않는 타입이었던 것. 사건은 점점 오리무중으로 빠져들었다. 더욱이 같은 컴프레셔를 이용하여 충진한 용기 6개를 가지고 작업이 오전에 이루어졌고 오후 작업도 두 번째 이루어지는 과정에서 사고가 발생한 점. 동료 잠수사도 똑같은 조건이었는데 전혀 문제가 없는 점. 정말 갈수록 태산이었다.

컴프레셔에서 특이점을 찾지 못한 나는 바로 옆 창고로 향했다. 호흡기 압축의 경우는 오일이 공기통 내부로 들어갈 수 있기 때문에 반드시 식용 오일을 써야 되는데 혹시 공업용 오일을 사용하다 문제가 발생한 것이 아닌가 싶어 우선 창고에 있는 남아 있는 오일을 수거하고 압축기에서도 사용하던 오일을 채취했다. 하지만 동료 잠수사에게 아무런 문제가 없었고 오전에 작업이 이루어졌기 때문에 이 또한 가능성이 낮아 보였다.

일단 현장에서 할 수 있는 방법은 모두 동원해서 행한 후 분석결과를 보고 다시 차후 일은 논의하기로 하고 저녁 8시쯤 일을 마쳤다. 이장님과 어촌계장님이 차려주시는 맛있는 저녁밥을 먹고 잠자리를 찾기 시작했다. 백아도는 해삼 양식이 성공해 이를 사업화하는데 주력하고 있었고 변사도 이렇게 양식된 해삼을 따는 작업 과정에서 발생된 것이었다. 저녁밥상에도 이렇게 양식된 해삼이 한 접시 올려져 있었다.

백아도는 숙박을 할 수 있는 민박집이 딱 한군데 있고 그 집이 바로 이장님 댁이었다. 이장님 댁에 들어서는 순간 제일 먼저 1박 2일 팀이 사인한 사인 장이 눈에 들어왔다. 평택해경 반장님은 백아도는 한 번 들어오기가 힘들어 들어온 김에 진술서를 작성해야 된다고 이장님을 포함한 여러분들과 새벽 한 시까지 씨름하고 계셨다. 우린 따로 할 일이 없어 맥주 한 캔이라도 먹을까 생각했는데 백아도에 없는 것 중 하나가 바로 상점이었다. 담배와 술 등 필요한 물건은 덕적도에 전화해 충당하는 방식이었다. 하루 정도는 괜찮지만 한 달을 살려면 나에게 너무 가혹한 생활이라 생각되었다.

우린 이장님 아들이 내어준 맥주 한 캔을 간단히 들여 마신 채 잠을 청했다. 새벽에 일어나보니 반장님은 아침 일찍부터 또 참고인과 함께 씨름하고 계셨다. 간단히 이장님께서 차려주신 아침을 먹은 후 굳이 안 받으시겠다는 숙박비 조금을 드린 후 섬을 나갈 준비를 했다. 평택해경 경비정이 우리를 다시 태우러 오는 중에 엔진 고장을 일으켜 한두 시간 정도 시간이 늦춰지게 되었다. 기다리는 동안 동네 한 바퀴를 둘러보았다. 조용하고 신비한 섬에 이런 일이 발생하니 다시 한 번 마음이 아팠다. 언제 다시 올지 모른다는 느낌에 부두에서 사진 한 장을 찍은 후 경비정에 올랐다.

다들 나와서 입도할 때와 마찬가지로 우리를 마중해 주셨다. 다들 따뜻한 마음을 가진 분들이라 생각되었다. 경비정에 오른 뒤 시간을 보니 12시를 가리키고 있어 다시 배에서 짬밥으로 허기를 채우기로 했다. 경비정은 부식 재료를 받아 와서 의경들이 직접 밥을 짓고 주어진 부식으로 요리를 해서 먹는 방식이었는데 그날은 운이 좋아 삶은 돼지 뼈를 먹는 기회도 주어졌다.

세 시간을 비몽사몽으로 달려 평택 항에 도착했고 변사 당시 사용했던 스킨스쿠버 장비를 얼른 인수받은 채 반장님과는 향후 소주 한 잔을 약속하고 우린 다시 원주 본원으로 향했다. 도착 후 제일 먼저 한 일이 화학분석과에 채취된 공기를 인계하는 것이었고 그 결과 또한 나에게도 감정하는데 가장 중요한 부분이었다. 빠른 결과를 얻기 위해 화학분석과 분들에게 이래저래 전화를 돌린 덕분에 3일 만에 감정 결과를 알 수 있었다.

다행이라고 해야 될지 모르겠지만 변사자 공기통과 압축기 잔류 가스에서 일산화탄소가 검출되었다. 하지만 사용되었던 공기통에서는 한 개통에서만 일산화탄소가 검출되었다. 오일의 경우 창고에서 발견된 오일과 압축기 오일이 동일한 것으로 밝혀졌으나 압축기 오일은 상당 기간 사용된 오일이라는 특이점도 보였다. 현장조사 당시 압축기를 작동하여 채취한 압축 공기에서는 일산화탄소가 검출되지 않았다. 결국 압축기가 사고를 일으킨 대상은 분명해 보였다. 다만 배기가스를 내뿜지 않는 압축기 구조상 나올 수 있는 사고 팩터는 오일과 필터에 있는 것으로 보였다.

하지만 필터가 수명을 다한 것이 원인이라면 아마도 현장조사 당시 압축가스에서도 일산화탄소가 검출될 것으로 예상되었기에 검출이 되지 않은 것으로 보아 주원인은 오래 사용된 오일로 인한 과열이 아닌가? 추정한 후 감정 결과를 종합하여 결과를 내어 보냈다. 압축 작업과 유지, 보수 작업에 문제가 있는 만큼 그날 섬에서 만나 우리를 배웅해주시던 고마운 분들도 과실에서 자유롭지는 않은 상태였다. 이번 변사는 고의성을 전제로 한 사건이라기보다는 무지에서 오는 사고에 가깝지 않나 생각해 본다.

스킨 스쿠버는 보기에는 멋있고 폼 나는 레저임은 분명하지만 작업 실수 등으로 인해 똑같은 인재가 계속 발생할 여지가 크고 불특정 대상자가 많다는 점에서 분명히 관심 있게 지켜 봐야할 것으로 사료되나 관리 감독이 부재되어 있는 점이 많이 아쉬울 따름이다.

안전 사각지대 천정 인테리어

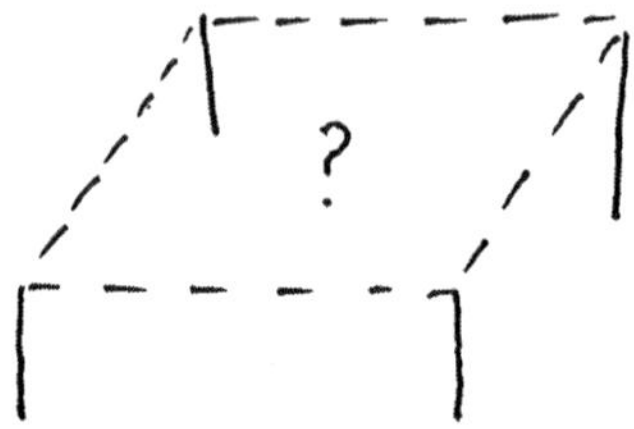

2014년은 4월에 발생한 세월호 침몰 사고를 계기로 안전에 대한 정부 및 모든 국민의 관심이 증폭되고 있는 상황이었다. 2014년에 유독 큰 사고가 많이 발생했다고 기억하시는 분들이 많은데 사실 그 해에 큰 사고가 많이 발생했다기보다는 세월호 침몰에 워낙 큰 충격을 받았던 대한민국이라 유독 그 해부터 많은 사람들이 작은 사고에도 관심을 가져 이슈화되는 사고가 많았다고 하는 것이 맞을 듯하다. 하루 지나 하루 사고라는 말이 돌 정도로 언론에선 기존에 다루지 않았던 사고에 대해서도 심각성을 부각하며 실시간으로 앞다퉈 질 세라 연일 방송에서 사고 내용을 다루고 있었다.

내 기억에 그 해 만큼 천정 붕괴 사고 감정이 많았던 해도 없었던 것 같다. 다리 붕괴 사고와 건물이 붕괴되는 사고, 그리고 천정이 붕괴되는 사고는 전문가적 관점에선 볼 때는 엄연히 그 원인 및 사고 메커니즘 측면에서 상호 다른 사고지만 붕괴라는 결론으로 통하는 사고이기에 일반인들은 아마도 같은 원인이 아닐까 생각할 수도 있을 것 같다. 다리 및 도로 붕괴사고는 기본 학문이 토목공학이 바탕이 되는 반면 건물 붕괴사고는 건축공학이 그 바탕을 이루고, 천정 붕괴사고는 천정이 건축이 아닌 인테리어에 속하는 만큼 그 또한 차별화된 구조와 원인을 가지고 있다.

2014년 6월 29일. 서울 현대백화점 천호점에서 천정이 붕괴되어 고객 4명이 부상을 당한 사고가 발생했다. 당시 원자력 납품비리 수사로 인해 지방 출장이 많은 터라 사고 당일에 대응은 못하고 다음날 경찰 측에 연락을 받고 사고 현장을 찾았다. 영업장은 벌써 천정 보수 공사가 마무리되어 외관상 사고 당시 상황을 전혀 파악할 수 없는 상태로 수사 자료상 제시된 사고 당시 사진이 현장을 파악할 수 있는 제시된 자료의 전부였다.

더 황당한 것은 관리를 맡은 부장님의 말씀. "박사님, 사고 나고 나서 백화점 매출이 30% 이상 급감했습니다. 국과수가 왔다 그러면 고객들이 웅성웅성 할 거고 고객들 이목도 있고 하니 그냥 경찰 제시 사진만으로 감정해주실 수 없으신지요? 건물은 진단 업체에서 벌써 진단하고 가서 이상 없다고 하니 그러시는 게 좋지 않으시겠습니까?" 천정 붕괴 사고를 조사하러 지방에서 하루를 내달려 현장에 도착했는데 마음이 좋지는 못했다. 더 중요한 것은 이번 사고는 다행히 사망자가 없었으나 추가 붕괴가 있을지 누가 확신한단 말인가. 안전진단과 보수 공사를 했다니 그럼 확인이라도 해야 마음이 놓일 것 같아서 주위 고객들의 동요를 일으키지 않는 선에서 조용히 천정 내로 진입한 후 천정 상태를 살펴보기로 했다.

다시 확인할 것을 재차 주장한 것은 경찰 측에서 사고 당시 찍었던 사진이 나를 그냥 놓아두지 않아서 였다. 사고 현장의 천정은 석고보드 설치를 위해 엠바(M-bar)와 캐링 채널(Carrying Channel)이 엠바 클립(M-bar Clip)에 의해 체결되고 석고보드는 엠바에 나사 피스로 체결되며 행거(Hanger)가 캐링 채널과 콘크리트 상부 벽체를 연결하는 구조로 일반 석고보드로 천정을 구성하는 구조는 거의 동일했다. 다만 건축하고는 달리 천정은 인테리어에 속하기 때문에 설계도면 등이 존재하지 않고 천정에 대한 구조해석이나 평가가 전혀 이루어지지 않은 상태에서 시공이 이루어진다는 점이다.

보수 공사를 한 관계자를 불러 구조 보강에 대해 요목조목 물어보니 돌아오는 답변에 나는 놀라움을 금치 않을 수 없었다. 그분이 말하는 보강의 의미는 그냥 철재 프레임을 여기저기 갔다 대는 것이 전부였다. 구조를 전공한 내가 좀 더 강력하게 밀어 붙여 물어보니 구조에 대해선 전혀 아는바가 없는 사람이었다. 그런 사람이 보강을 한 천정은 보지 않아도 추가 붕괴가 언제 있을지 모르는 상태이니 이를 내가 두고 보고 있는 것은 안전에 관계한 사람으로서 책임을 회피하는 일이 아닌가 생각했다. 그 전에도 그렇게 해왔다는 이야기를 듣고 붕괴된 천정의 사진을 좀 더 유심히 살펴보았다.

관찰한 결과, 사고 당시 천정의 붕괴 시작부 부근에서 엠바가 하방으로 변형되어 있고 붕괴 구간 내 엠바 및 캐링 채널, 행거 등이 설치되어 있지 않는 공동(空洞) 구간 등이 국부적 식별되었으며 엠바에서도 석고보드 나사의 피스 고정부가 불규칙적인 간격으로 설치된 상태 등이 식별되었다. 사고 현장 천정에서 식별되는 공동 구간은 최초 시공 당시 구조에서 카메라, 급배기시설, 전기시설 등의 설치 공간 확보를 위해 기존의 설치된 엠바 및 석고보드를 국부적으로 절단하고 캐링 채널 및 행거 등을 임의 변경함으로써 나타난 현상으로 이 구간으로 인해 전체 천정 구조는 안정성을 잃게 되며 석고보드가 습기가 많아지고 추가 장비가 설치되게 되면 천정이 붕괴되는 상황이 초래될 수 있는 가능성이 있는 것을 판단할 수 있었다.

더욱이 보수 공사 때 이런 구간을 포함한 석고보드 위를 이리저리 밟고 다닌다고 하니 어찌 피스 등으로 지지하고 있는 석고보드가 온전하겠는가! 지금까지 견뎌 온 게 더 신기할 따름이었다.

추가 붕괴 위험이 있는지를 살펴보기 위해 보수된 천정 내 구조물 상태를 검사한 결과, 내부에는 보수 공사 목적으로 비형식적인 프레임이 용접 작업 등으로 연결된 상태로 붕괴 구간 천정 내에 급배기시설, 전기시설 등이 한 구역에 집중되어 장착된 상태가 식별되었고 국부적으로 장치 설치 공간 확보를 위한 엠바 및 석고보드 절단부와 절단된 파편 등이 식별되었으며 엠바 부재를 상부벽체와 연결하는 행거 등이 국부적으로 콘크리트 벽체 및 급배기시설 등에 고정되어 있지 않는 상태가 식별되었다.

결국 보수 공사도 아무런 구조적 지식 없이 이리저리 석고보드를 붙여 미봉책으로 눈가림만 해놓은 상태였다. 수사를 떠나서 다시 한 번 추가 붕괴 위험이 있음을 알리고 몇 번을 재보수할 것을 당부하고 자리를 떠났다.

그리고 연이은 천정 붕괴 사고. 2014년 8월1일. 경북 상주에서 한 수련원의 천정붕괴사고 소식이 들려 왔다. 천정 붕괴는 중력으로 인해 천정 구조물이 낙하되면서 위치에너지가 운동에너지로 바뀌어 작은 물건이 떨어져도 사람에겐 치명적일 개연성이 크므로 그냥 묵고하고 넘어갈 사고는 아닌 게 분명하지만 일반인들의 경각심은 그리 크지 않다고 할 수 있다. 아마도 낙뢰에 맞을 확률 정도로만 생각하고 있는 듯한데 실제로 6.25 이후 지어진 건물들이 낙후되면서 언제 붕괴가 일어날지 모르는 상황이 되어 버렸다.

하지만 건물 안전진단에는 천정 구조 점검은 포함되어 있지 않기 때문에 너무나도 큰 위험성이 내포되어 있으므로 분명히 어떤 조치가 취해져야 되지 않을까 생각하며 경북 상주로 급파되어 달려갔다. 도착해서 본 상황은 현대백화점 천정 붕괴사고와는 아마도 비교도 할 수 없었다.

수련원에 130명의 학생이 사고 당일 아침 잠을 자고 있었고 정말 다행인 것은 불과 사고 몇 십분 전에 예배가 있어 임신부와 아이 한 명만 남겨 두고 자리를 뜬 후 천정 전체가 통째로 내려앉은 사고였다. 임신부와 아이는 기질을 발휘해 천정이 붕괴될 당시 에어컨과 붕괴 천정이 간섭되어 생긴 공간에 몸을 피해 다행히 부상을 당하지 않았기에 정말 하늘이 도운 사고라 생각했다.

잠자는 시간에 이런 사고가 발생했다면 하고 생각하니 너무나도 몸서리가 쳐 졌다. 더욱 가관인 건 붕괴된 천정은 프레임 비용을 낮추기 위해 모두 목재로 제작 및 시공되고 있던 상태였고 천정과 지붕과의 지지도 목재를 끼우는 수준으로 걸어 놓았으니 어찌 아찔하지 않을 수 있을까.

아마 앞으로도 점점 더 천정 붕괴 사고는 발생할 것으로 예상된다. 안전진단에 반드시 천정 구조에 대한 점검과 승인이 필요하다고 사료되어지며 천정 공사 시에도 건물 건축과 동일한 구조해석 및 평가가 적용되어야 된다고 본 사건을 통해 다시 한 번 피력해 본다.

알고 주차하세요. 카리프트

일반인들은 운행되는 기계 장치 중 에스컬레이터와 승강기가 가장 사고를 많이 일으킨다고 생각하는 것 같다. 언론에서 이와 관련된 사고 내용은 자주 접할 수 있어 더욱이 그럴 것이라 생각한다. 하지만 의외로 카리프트(Car Lift). 즉 주차타워 등에 차량을 주차하기 위해 운행되는 차량 승강기의 경우도 많은 사고를 일으키는 편이다. 일반 승객 승강기보다 훨씬 위험한 점은 차량이 피트 등으로 차량을 운반하기 위한 무거운 금속 박판의 팔레트 등과 함께 추락하면 사고 발생과 함께 바로 사망사고로 이어질 수 있기 때문이다. 나도 국과수에서 안전사고를 조사하기 전까지는 아무런 생각 없이 주차타워에 차를 적재시켰으나 카리프트와 관련된 사고를 접하면서 웬만하면 길거리에 주차하더라도 일부로 주차타워 등에 차를 넣지는 않는다.

카리프트 사고의 대부분은 차량을 적재할 팔레트가 도착하기

전에 차량을 전진시킨다던가, 당연히 닫혀있어야 할 카리프트 차량 출입문이 강제적으로 개방된 상태에서 팔레트가 있는 줄 알고 차량을 진행하다 추락하는 사고들이다. 다행히 차량 주차 시에는 운전자 한 명 정도만 타고 있고 운전자가 차량 내에 있어 추락 시 에어백 등이 작동해서 충격을 완화하므로 그 피해가 적지만 카리프트 보수 작업 중에 나는 사고는 팔레트 위에 안전장구도 없이 작업자들이 작업을 하다 팔레트와 함께 피트로 추락하기에 인명 피해가 매우 큰 사고로 이어질 수 있다.

2014년 7월 26일. 서울 중랑구의 한 오래된 건물 지하 주차장에서 가드레일 부품 교체 작업 중 리프트 위 상판이 추락하여 작업자 3명이 사망하고 1명이 반신불구 상태가 된 사고가 발생했다. 서울 중랑의 경우는 예전 소방굴절차 학부모 체험 당시 추락 사고를 시작으로 이상하게도 호이스트, 승강기, 카리프트 사고로 현장을 많이 찾은 장소로 기억한다.

일반적으로 카리프트는 홈(Home) 상부에 장착되어 있는 모터 및 감속기와 리프트가 체인으로 연결되어 동력을 전달하여 리프트 상부 팔레트가 리프트 운행과 함께 상하강하는 구조를 지니며 현장 조사 당시 사고 현장은 피트에 추락한 작업 비품들이 인명 구조를 위해 일부 위치가 변경된 상태였고 그 외 리프트 및 추락 팔레트는 사고 당시 상태를 그대로 유지하고 있었다.

사고 당시에는 리프트 레일 교체 작업을 위해 운전모드를 '수동'으로 설정한 후 홈에서부터 피트 방향으로 레일 교체 작업이 진행 중이었으며 현장조사 당시 차량 전방측 카리프트 레일은 홈에서 약 5.1m 지점까지는 양쪽 레일이 신규 교체된 상태이고 이로부터 약 1.7m 지점까지는 좌측 레일은 교체를 위해 기존 레일 및 레일 가이드가 완전히 제거된 상태였으며 우측 레일은 기존 레일과 레일 가이드가 국부적으로 용접 절단된 후 휘어지거나 충격으로 인해 변형된 상태였고 이후 하방 레일은 기존 레일이 설치되어 있는 상태였다. 아마도 사고 당시에 이 구간에서 용접 및 절단 작업이 이루어진 것을 짐작할 수 있는 상황이었다.

여러 리프트바 중 유독 한 리프트 바의 표면 흔적이 눈에 들어왔다. 기존 레일 제거 및 절단, 변형 등이 식별되는 리프트바 표면에서 강체 이탈로 인한 쓸림흔이 식별되었으며 본 리프트 바는 우측으로 다소 기울어진 상태로 본 리프트바 좌측 레일은 완전히 제거된 상태이고 우측 레일은 레일 양단부가 용접 절단된 상태였으며 레일은 작업 중 망치 작업등으로 인해 많은 충격 변형흔들이 남아 있었다.

또한 추락한 사고 팔레트 본체가 우측으로 다소 비틀어진 변형 상태가 식별되고 본 리프트바 하부 최근접 팔레트 레일 측면에서 충격흔이 식별되며 이에 대응되는 차량 후방측 리프트의 팔레트 레일에서 강체 이탈로 인한 심한 소성변형 형태가 식별되는 것으로 보아 사고 당시 팔레트는 작업을 위해 쓸림흔이 식별되는 본 리프트바에 적재되어 있었고 레일 우측부터 팔레트가 이탈하였을 가능성이 있는 것을 알 수 있는 대목이었다.

말 그대로 흔적 검사를 통한 사건의 재구성 능력. 아마도 국과수 사고조사팀에겐 반드시 필요한 능력이었다. 본 사고가 일어날 무렵 세간은 한창 세월호 사건의 주범인 유병언 사망과 관련해 경찰의 현장 감식 능력 부족이 문제가 되어 경찰청장이 사퇴하는 등 현장조사 및 감식의 전문성과 경험이 얼마나 중요한지를 깨닫게 해주는 시점이었기에 현장에 있는 흔적을 보고 사건을 재구성 하는 기술의 중요성은 과학수사를 직으로 하는 사람에게는 아무리 강조해도 지나치지 않았다. 유병언이 입었던 의류에 대해 타살 및 자살 흔적을 찾기 위해 서울연구소팀과 한 창 피어리뷰 등도 진행하고 있었던 터라 본 현장에 대해 좀 더 상세한 흔적을 찾기 위해 노력했던 것 같기도 했다.

결론은 간단해 보였다. 기존 레일 제거 및 절단 작업 등으로 인해 구속 상태가 일부 또는 완전히 풀려 리프트바가 우측으로 기울어지면서 팔레트가 균형을 잃고 추락하였을 가능성이 큰 것으로 판단되었다. 물론 기존 레일과 교체할 신규 레일 비교 결과, 기존 레일이 약 6mm정도 벌어진 형태를 나타내는 것으로 보아 레일 노후화 등으로 인한 사고 관련성을 배제할 수 없는 상태였다.

승강기에는 이제 쉽게 '기대지 마시오.' 등의 경고 문구가 눈에 자주 들어온다. 하지만 차량 승강기의 경우는 아직도 일반인들이 위험성을 인지하지 못한 채 지하 주차장으로 내려가고 있다. 법안 등을 만들 때 승객 승강기에는 신경을 쓰면서 차량 승강기도 같이 돌아보는 넓은 시각을 가진 행정 공무원이 없다는 것이 안타까울 뿐이다.

레이디스코드와 부서진 차량 축

2014년 한창 세월호법 제정 문제로 여야가 합의를 하지 못해 국정 파행이 진행되고 있던 9월 초. 한 유명 아이돌 5인조 걸 그룹의 교통사고 사망 소식이 들려왔다. 지방에서 스케줄을 마치고 귀가도중 영동고속도로 신갈분기점 인근에서 당시 걸 그룹 '레이디스코드' 멤버가 탑승하고 있던 스타렉스 차량이 가드레일을 들이받아 멤버 중 2명이 사망한 사고였다. 사고 차량은 렌트카 업체에서 기존 차량의 결함 발견으로 인해 교체 되어 처음 운행한 차량이었고 더구나 1시 23분경 이른 새벽에 사고가 발생했고 사고 당시 비가 왔던 상태라 사고 원인에 대해 여러 이야기가 난무했다.

내가 근무하고 있던 법안전과는 교통사고와는 업무에 거리가 있어서 단지 교통사고분석과가 좀 바빠지겠구나! 정도 생각할 정도였고 우리 팀은 세월호 국감 등에 훨씬 민감한 상태였다. 하지만 반전이 있었다. 오히려 원인 규명에 대한 주요 핵심 분석은 우리 과에 업무가 떨어졌다. 이유인즉, 차량 후륜 바퀴가 이탈되어 사고 현장 차량 주변에서 발견되었기에 차량 후륜 바퀴 이탈이 사고 직전 일어난 것인지, 아니면 사고 충격에 의한 것인지를 분석하는 것이 책임을 판단할 수 있는 핵심 부분이었기 때문이었다.

차량 후륜의 이탈은 구동축이 파단되면서 이탈된 상태였기에 구동축 파손 원인이 렌트가 정비 불량에 의한 것인지, 제조사 차체 결함에 의한 것인지, 운전자 과실에 의한 것인지를 분명히 구분해주지 않으면 본 사고의 실체를 밝힐 수 없는 상황이었다. 교통사고분석과에서 차량 주행에 따른 특이점을 분석하기로 했고 과업무상 기계구조물 파단은 법안전과 업무였기에 차량 구동축 파단원인에 대한 분석은 나에게 맡겨졌다.

우리가 이 업무를 받았을 때는 사고 발생 2주가 지난 시점이었다. 언론에선 사안이 중요한 만큼 국과수에서 빨리 감정 결과가 나올 것이라고 생각했는데 왜 아직 나오지 않는가? 등 의구심을 불러일으키는 기사를 한창 쏟아 내기 시작했다. 아마도 교통사고분석과에서 차량 전반적인 조사를 위해 시간이 걸린 것으로 알고 있는데 보통 구조물 파단 분석은 30일 정도가 소요되지만 언론에 구애 받지 않고 나름대로 발 빠르게 정확한 결과를 내어 놓기 위해 10일 정도에 이를 마무리하기로 하고 분석 계획을 짜 나가기 시작했다.

물론 사안이 중요한 만큼 제조사에서도 요구한 자료의 빠른 피드백 등 여러 가지 협조가 순조롭게 진행되었다. 교통사고분석과에선 사고현장 재구성, 구동장치, 조향장치, 제동장치 등에 대해 일부 분석이 끝난 상태였고 차량 구동축 이탈과 버금가게 논쟁이 되었던 에어백이 작동하지 않은 원인에 대해서도 면밀한 분석이 진행 중이었다. 당시 스타렉스 차량이 선회 운동을 한 이유는 급조향과 급제동에 따른 것이며 에어백이 작동되지 않는 예외조건에 본 차량 운동이 해당하기에 작동하지 않은 것으로 일부 전해 들었다.

에어백이 작동되지 않는 예외조건이 있다는 것을 그때서야 처음 알았던 것 같다. 에어백은 ① 경미한 사고, ② 후방추돌, ③ 측면충돌, ④ 사면충돌, ⑤ 버스, 트럭의 뒷면 언더라이딩 충돌, ⑥ 전복, 구름 사고, ⑦ 기둥구동형 물체(전신주, 나무 등) 충돌의 경우에는 작동되지 않는다고 하니 에어백이 교통사고에서 온전히 생명을 지켜주지는 못하는 듯 했다.

이제 남은 건 차축이 왜 파단되었는가 하는 숙제였다. 우선 차량 파단면을 면밀히 관찰함으로써 파단 시작점과 균열 진전 방향을 검사하고 회전 중 파단된 것인지 아니면 단순히 한 번의 충격으로 파단된 것인지를 판단했다. 차량 하부 휠 하우스에 이미 한 번 충격으로 생긴 타이어 자국이 있었기에 파단면도 한 번의 충격으로 인한 파단이 아닐까 추정하며 검사를 진행하였고 전문가 분들의 의견도 경청했다.

다음은 제작 결함이 있는지를 구분할 조직검사와 강도 및 경도 등의 기계 물성치 측정, 화학적 성분 검사 등이 남아 있었는데 생각보다 진행은 쉽지 않은 상태였다. 우선 분석할 기기를 국과수가 전부를 보유하고 있지 않은 상태였고 분석을 위해 시료 제작 및 절단 등의 선행 작업이 필요한데 가공 기기 또한 보유하고 있지 않은 상태라 이를 전부 업체를 찾아다니며 예산 결재를 위한 서류를 직접 받아 챙겨가며 작업을 진행해야 하는 터라 많은 어려움이 있었다.

우선 시료 절단을 위해서는 와이어커팅 등의 정밀 가공이 필요하데 원주와 강원도에는 이를 가공할 만한 업체가 없었다. 가장 가까운 곳이 충북 음성의 모 업체. 하지만 대부분의 가공 업체들이 영세해서 예산 처리를 위한 세금계산서 등 무려 6가지가 넘는 서류를 준비하는 것은 엄두도 못 낼 상황이라 이 또한 어떻게 해야 할지 고민이었다. 다행히 하루 정도를 설득시킨 후 절단 업체로 파단된 구동축이 넘어 갔다. 시간은 시료 절단하러 가는데 하루. 가져오는데 하루. 절단하는데 3일. 벌써 그렇게 흘러 버렸다.

하지만 그 시간 동안에 최단기에 분석을 이루어 내기 위해 자투리 시간을 내서 우린 이것저것을 챙기고 있었다. 결국 제대로 된 시료는 5일이 지나 제작되었고 시료 분석을 위한 전 처리를 위해 또 하루를 넘겨야 했다. 드디어 주사전자현미경, 광학현미경, 경도기 등을 이용해 대략적인 시료 결과를 보는 날. 우린 다시 한 번 제작 결함이 낮다는 건 확신할 수 있었다. 나름대로 발 빠르게 움직인 덕분에 기약된 10일에 차축 파단 원인 분석은 마칠 수 있었다. 다만 일을 하면 할수록 업무하는 것 보다 운전, 예산 처리, 공문 작성 등 원활하지 못한 행정 업무가 감정 업무에 발목을 잡고 있다는 것이 정말 아쉬웠다.

축제 분위기 속 판교 환풍기 붕괴

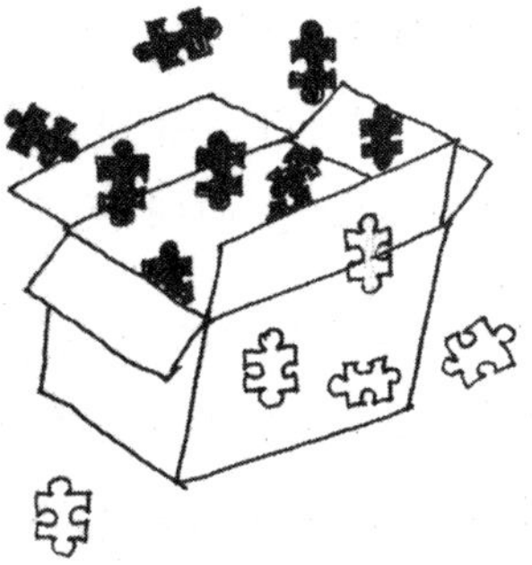

경주리조트 붕괴사고, 세월호 침몰사고, 레이디스 코드 교통사고 등 세간의 이목이 집중되었던 사고 조사로 2014년을 마무리할 무렵. 10월의 어느 토요일 날 밤. 판교 유스페이스 주변 공원에서 참담한 붕괴 사고 소식이 들여왔다. 많은 군중들이 '2014 판교테크노벨리 축제' 공연을 관람하던 중 환풍기 덮개가 무너져 27명이 약 20m 아래로 추락하여 11명이 부상을 당하고 16명이 사망한 사고가 발생한 것이다.

아내가 그날 일을 나가 늦게 귀가 예정이라 애들 둘이만 남겨놓고 집을 나올 수는 없는 상황이라 일단 긴급감정팀이 구성되어 과장님을 포함한 3명 정도가 원주에서 움직이고 난 다음날 일요일 새벽에 일찍 판교로 향하기로 하고 잠을 청했으나 이런 저런 생각에 잠이 오지 않고 뜬 눈으로 밤을 새웠다. 빨리 나가서 원인 조사를 해야 되겠다는 생각과 먼저 가서 고생하고 있는 동료들이 생각나 새벽 4시에 택시를 타고 판교 사고 현장으로 향했다. 새벽인데도 불구하고 많은 취재진들이 진을 치고 있는 상태였다.

우선 환풍기 앵글 구조를 파악한 후 시공 상 특이점 등이 있는지를 조사해 나갔다. 그레이트, 즉 환풍기 덮개를 지탱하고 있던 부재는 시공 상태가 허술하기 짝이 없었다. 간단히 살펴만 보아도 일부 부재가 누락된 상태가 식별되었고 특히 사람들이 제일 먼저 추락하기 시작한 부분의 부재에서는 용접불량, 지지대 미 구속 상태, 앵커 미고정 상태 등이 식별되는 심각한 상황이었다.

좀 더 상세히 이곳저곳을 보고 있던 중 한 경찰분이 귓속말로 살며시 이야기를 꺼내셨다. 얘기인 즉 행사 관계자가 바로 옆 건물에서 추락해 자살했다는 안타까운 말씀. 16명이 사망하고 11명이 부상을 당했으니 행사 담당자가 얼마나 큰 부담과 정신적 고통을 느꼈을지 어느 정도는 짐작이 갔다.

두 시간 여를 둘러본 후 추락한 덮개 전체 무게와 현재 남아 있는 부재가 견딜 수 있는 하중 등이 덮개 추락 구조 안정성을 푸는데 중요한 부분이라 판단하고 이를 해결할 수 있는 크레인 업체를 섭외하기로 했다. 간단한 작업으로 보일지 모르지만 크레인이 안착된 상태에서 이를 측정하기 위해서는 어느 정도의 노하우가 필요한 부분이었다. 경기청에서 섭외를 하기로 처음엔 계획했으나 작업의 숙련도가 필요하다고 판단하여 예전 세월호 침몰 사고 당시 오하나마호의 마찰계수 측정 실험을 도왔던 크레인 업체가 가장 적당하다고 생각을 했고 2시에 만날 시간을 정하고 기다리는 동안 국밥 한 그릇으로 배고픔을 달랬다.

새벽에 일찍 나온 나와 전날 온 긴급감정팀 멤버 등은 잠을 거의 청하지 못한 상태라 어떻게든 좀 씻어야겠다는 생각이 들었다.

사고 현장에서 가장 가까운 사우나를 찾아 목욕 후 약 30분 정도 잠을 청하고 우린 다시 사고 현장으로 돌아 왔다. 크레인 업체는 벌써 도착해서 현장 상황을 검토하고 있었다. 현장 조사 일정이 일요일 휴일인데다가 바쁨에도 불구하고 한걸음에 달려온 업체 관계자 분들이 너무나도 고마웠다. 역시 그 분들은 프로였다. 우리가 한 이야기를 바로 이해하고는 작업 가능성에 대해 검토를 시작했다. 시급성과 작업성 등을 고려할 때 견적이 아주 크게 나오리라 생각했는데 정직하게 딱 작업 비용만 말씀하셨다.

5시 정도에 일을 마무리하고 우린 그날 연구소 동료가 결혼을 하는 서울 목동으로 다들 나섰다. 국과수 요원과 서울청 프로파일러의 결혼. 흔히 맺어지는 커플은 아니었고 국과수와 서울청이 사돈이 되었다며 서울청 직원들도 많이 참석을 했다. 붕괴사고로 인해 참석하지 못할 것이라 예상했던 결혼식에 옷도 갈아입을 여유도 없이 작업복을 챙겨 입고 간단히 식을 본 후 우린 또 허기를 채우기 위해 식당으로 향했다.

그리고 이틀 뒤 우린 계획된 실험을 진행하기로 하고 월요일 저녁 잠을 청했다. 날씨 예보를 보니 비가 온다고 되어 있어 실험을 연기해야 되나 생각을 하고 눈을 떠 보니 정말 많은 양의 비가 쏟아지고 있었다. 실험할 다른 날을 생각하던 중 상황이 그게 아니었다. 경찰 측에서 이미 금일 실험을 한다고 언론과 상부에 보고가 올라갔기 때문에 무조건 그날 실험이 진행되어야 된다는 억지스런 이야기. 우리도 사고의 시급성 등을 따져 봤을 때 최대한 빨리 실험을 진행하고 싶었으나 비가 오면 실험 장비 등의 세팅도 어렵고 또한 부재 등이 하중 측정 시 미끄러질 수도 있고 해서 힘들어 보인다는 답변을 했으나 결국 천막을 비싼 비용을 주고 설치한 후 실험을 진행하기로 결정되었다.

비오는 날 새벽같이 최대한 장비를 비에 맞지 않게 실은 후 우린 다시 판교 현장으로 향했다. 언론들은 어떻게 알았는지 귀신같이 나와 우리를 따라 다녔다. 우선 덮개의 무게를 측정하기로 하고 추락한 덮개를 공원에 올린 후 크레인으로 작업을 시작했다. 비가 계속 억수 같이 쏟아졌다. 제대로 된 비 옷 조차도 없는 국과수의 열악한 현실에 다시 한 번 자괴감에 빠졌다. 지켜보는 사람들이 많은 터라 우선 비에 굴하지 않고 실험은 계속 진행되었다.

빨리 하고 복귀를 하려 했으나 2시경에 언론 인터뷰가 예정되어 있다고 2시까지 기다려 실험을 진행해줄 것을 요청받았다. 장비 세팅 등을 진행하니 시간은 어느 덧 2시를 향했고 정말 많은 취재진들이 우리 실험을 기다리고 있었다. 몇 개 방송사는 실시간 생방송으로 방송을 진행하고 있는 듯 했다. 실험 부재가 한 개 밖에 없기 때문에 실패하면 다시금 실험은 불가능했기에 많은 부담을 가진 채 실험이 진행되었다. 다행히 실험은 성공했고 단지 5분 정도 만에 시험은 끝이 나버렸다.

번개처럼 쏟아지는 플래시 세례. 실험이 끝나고 나니 다들 비 맞은 생쥐가 되어 있었고 원주로 복귀하고 난 후 그제서야 다들 한기를 느껴 따뜻한 뭔가에 몸을 의지하고 싶어하는 듯했다. 가지고 온 부재를 국과수 앞마당에 비를 맞고 내린 후 11시가 되어서야 우린 집에 가서 지친 몸을 뉘일 수 있었다.

다음날 아침부터 전화는 또 바삐 울려대기 시작했다. 결과가 언제 나오냐는 것. 참 황당할 노릇이었다. 보통 안전사고의 경우는 검사와 검토를 위해 최소 20일 정도의 감정 시간이 소요되는데 일주일도 아니고 다음날 감정결과를 논하다니 어처구니가 없었다.

본 감정의 제일 핵심은 시공 불량이 주원인이냐, 그냥 환풍구에 올라간 사람들의 하중에 의해서 붕괴된 것이었는데 이를 감정하기 위해서는 환풍구 부재가 견딜 수 있는 하중 검토가 매우 중요한 부분이었다. 이를 위해서는 정확한 면적 산출이 중요한데 현장조사에서는 줄자 정도만 가지고 측정이 이루어져 정확성이 떨어지기에 급기야 대전에 있는 3D 스캔 업체를 섭외해 다음날 또 판교 현장으로 향했다. 2시간 정도에 3D 스캔은 만족할 만한 결과를 내어 놓았다.

일주일 정도에 감정 결과를 내놓을 것을 목표로 연구원으로 복귀했는데 또 다른 복병이 숨어 있었다. 감정 결과가 다다음날 나올 것이라고 언론에 기사가 실린 것. 추적을 해보니 경찰 측에서 말이 나온 듯 했다. 결국 발표날은 공식화되었고 어쩔 수 없이 밤을 새워 감정을 진행했다. 1차 결과는 다행히 언론에서 예정된 날에 나갈 수 있었다. 이 후 제대로 된 안정성 평가를 위해 마이다스 프로그램 등으로 실제 견딜 수 있는 하중을 산출해 냈고 본 사건을 마무리 하였다.

본 사고를 통해 우리 생활과 밀접한 곳곳에 위험한 사고가 잠재되어 있다는 것을 일반인들이 다시 한 번 느꼈으면 했던 사고라 생각하고 이를 계기로 전혀 규정화되어 있지 않은 환풍기 규정의 검토와 제정이 이루어졌으면 하는 바람이다.

고속철과 원전 납품 비리

안전사고 조사에 몸담아 온 지 9년. 나름대로 베타랑 연구사로서 매번 되풀이되는 안전사고 감정에 회의를 느끼고 있을 때쯤. 서울 광역수사대에서 한 통의 전화가 걸려 왔다. 자세한 내용은 말하지 않은 채 그저 고속철로에 들어가는 전기를 공급하는 전차선이 있는데 혹시 성능 평가를 해 줄 수 있냐는 질문이었다.

수사와 관련해서 시험을 해 드릴 수는 있는데 국과수는 시험 기관이 아니라 원인을 규명하는 감정기관이기에 한 가지 제품을 위해 시험할 수 있는 장비는 모두 구비되어 있지 않고 또한 제품에 관해서는 관련 전문 시험 기관에서 시험을 하는 것만큼 정확한 신뢰성을 담보할 수 없다고 답변하면서 좀 자세한 사고나 사건 개요에 대해 이야기해주면 도움이 될 수 있을 것이라고 한마디 더 내던졌다. 그런데 말을 구지 아끼시며 "그럼 다 할 수 없는 거죠."하면서 전화를 간단히 끊으셨다.

그리고 이틀이 지나서 그 반장님에게 또 전화가 걸려 왔다. 그럼 혹시 시험 기관은 광역수사대쪽에서 섭외할 테니 규격에 맞게 실험을 진행하고 있는지 참관을 해 줄 수 있냐는 질문이었다. 사실 보통 사건의 경우는 사건 내용을 상세히 파악해야 정확한 감정이 될 수 있기에 대부분 과수팀과 형사팀 반장님은 사건 해결을 위해 작은 것 하나까지도 국과수 쪽에 이야기를 해 주는 편인데 광수대에서 상세한 내용은 말해주지 않은 채 계속 요청만 하니 사실 도와줄 수 있는 부분은 그리 많지 않았다.

"반장님, 무슨 사건 관련 내용인지 이야기를 해 주셔야 제가 도와드릴 수 있는 것은 도와 드리죠. 일단, 상세 내용에 대해 말씀해 주시면 참관이 가능한지 과장님과 이야기해서 결정하겠다."라고 말씀 드린 후 다시 내용을 요청드렸다. 그제야 운을 띄우시면서 "사실 호남 고속철 납품 비리 수사 관련해서 중국산 제품이 국산으로 들어 왔는데 그 제품에 대한 성능 평가가 필요합니다. 근데 국과수는 보안 준수 되나요. 비밀 수사 사건이라 아무한테나 이야기하면 안 되는데."하며 속 시원하게는 아니고 일단 대략 짐작할 수 있을 정도의 말씀을 전해 주셨다.

일단 무슨 시험이 필요한지, 시료는 뭔지 등에 대해 자료를 보내보라고 이야기 한 후 과장님과 상의 후 일단 수사 협조를 진행하기로 했다. 그 때 전화 소리를 들은 총기실 실장님이 한 마디 거드셨다. 참 내 안전사고 하다하다 이젠 납품 비리 수사까지 하냐고. 그게 아마 납품 비리 수사의 처음이 아니었는가 싶다. 규격을 측정하는 데는 기계적 특성과 전기적 특성 시험이 있었고 기계적 특성 항목은 기계를 전공한 나에게는 그리 생소한 내용은 아니었다. 시료는 호남 고속철에 납품된 전차선 및 조가선으로 이에 대해선 정보와 경험이 없어 좀 생소하기는 했다. 호남 국회의원 한 분이 이 사실을 아시고 현재 깔려져 있는 고속철 모든 전차선과 조가선을 거두어 들여야 된다고 주장하고 계시는 상황이었고 중요성을 보아하니 나름대로 신경을 쓰고 대응해야 할 사건인 것 같았다. 일단 주요사건 보고를 올리고 시험 날짜를 잡으니 또 하루가 지났다.

근데 언론에서 터져 나온 호남 고속철 납품 비리 수사 내용. 광수대 반장님이 급하게 전화가 오셨고 혹시 박사님 이야기 하신 것 아니죠. 하며 괜히 우리 쪽에서 정보가 흘러 나간 것으로 오해하고 계셨다. 그도 그럴 것이 내가 관련 이야기를 들은 지 하루가 채 지나지 않아 언론에서 터져 나오니. 하여튼 상세 내용은 보도가 되지 않아 좀 더 비밀리에 수사를 진행하기로 했다. 안양에 한 연구소가 섭외가 됐고 광수대에서 시험비를 내고 우리는 규격에 맞게 시험이 진행되는지 3일에 걸쳐 참관하기로 했다.

처음엔 참관 정도에서 검증하는 수준으로 생각하고 시험을 시작했는데 시험을 진행하면 진행할수록 그 결과값에 대해서도 관심이 가져졌다. 우리가 타고 다녀야 되는 고속철이고, 중국에서 만든 제품 수준이 어느 정도 인지도 매우 궁금해지기 시작했다. 고속철 관련 전기 제품은 어느 제품을 막론하고 기계 특성이 올라가면 전기 특성이 떨어지는 반비례 관계를 갖고 이 특성 모두를 좋게 만드는 것이 기술의 핵심이며 유럽에서 최고의 기술을 가지고 있다는 것이다.

시험을 해보나마나 중국 제품은 성능이 낮을 것이라는 생각에 일단 기계 특성이 잘 나오는 것을 보고 전기 특성은 형편없겠구나 생각 했었다. 나뿐만 아니라 아마도 그 곳에 모이신 연구소 분들이나 첩보자, 광수대 분들도 이야기는 안했지만 그런 생각에 시험을 진행했을 것이다. 허허.. 근데 이게 어찌된 일인지. 결과는 중국산 제품이지만 기계적, 전기적 특성이 거의 유럽 제품과 맞먹는 수준의 값이 나왔다. 가격을 물어 보니 가격도 훨씬 싸다고 한다.

처음엔 우리가 뭔가 잘못 했겠지 하며 몇 번의 시험을 되풀이했지만 결과는 동일했다. 난처한 표정의 반장님 얼굴이 아직 기억이 난다. 중국산 제품을 국산으로 속여 입고했으니 분명히 사기죄는 성립하는데 성능이 국내 것보다 동등 또는 월등하게 나오니 이를 통해 실적을 올리시기로 기대했던 상황에는 반전되는 상태였다. "반장님 이거 사실 상 줘야 되는 것 아니에요. 좋은 제품을 값싼 가격에 입고했으니 국가에 이바지한 공로가 크지 않나요."하며 난처한 표정의 반장님들의 마음을 한 번 달래 보려고 농담을 넌지시 건넸다.

하여튼 성능이 떨어지지 않는 제품이 현재 고속철에 납품되어 있으니 다행이었다. 수사대상으로 같이 참관했던 철도공사 직원들도 일부는 마음을 놓는 눈치였다. 그리고 발생한 철도공사 이사장 자살 사건. 수사 중 일부만 들여다봤기에 전체 연루 및 비리 사건에 대한 내용은 알 수 없으나 관련 비리 수사에 발을 담근 자로서 마음이 사실 무거웠다. 전차선 및 조가선과 관련된 납품 비리 수사는 아마도 그렇게 정리가 되는 느낌이었다. 이 사건을 통해 한 분의 반장님을 형님으로 만났다. 그 뒤로 "내가 안전 관련 부패척결, 관피아 척결 등 맡았는데 김박사 그 쪽으로 많이 아니 혹시 첩보 줄 것 없냐?"고 하시며 가끔씩 전화가 오신다. 아마도 이 사건 이후로 납품 비리 전문 감정관으로 소문이 났나 보다.

그리고 한 달이 지날 무렵. 이번엔 경찰청 지능범죄수사대에서 한 통의 전화가 걸려 왔다. "김박사님. 말씀 듣고 전화 드렸는데 혹시 용기에 용접이 되어 있는지 없는지를 감정하실 수가 있나요." 이건 또 무슨 이야긴지. 광수대 반장님과 마찬가지로 이번에도 그리 자세한 이야기는 하시지 않았다. 납품 비리 수사 경험이 있던 나라 이번에 오해를 일으키지 않는 선에서 사건 내용에 대해 좀 더 자세히 물었다. 내용인 즉 원전 납품 비리 수사 관련해서 원전에 납품된 수소 용기가 있는데 폐기 대상인 수소 용기가 납품되었다는 첩보를 받아 수사 중인 내용이었다.

수소 용기의 경우는 수소 취성 및 압력이 높아 연결부가 있는 용접 용기 등은 법적으로 사용을 못하게 되어 있는데 용접부가 들어간 용기가 원전에 납품되었다는 이야기였다. 사실 용기 분야는 내 전문 분야이기에 나도 나름대로 관심이 많이 있었고 특히 수소에, 원전 관련 내용이라 안전과는 너무 나도 밀접한 관련이 있는 내용이기에 과장님께 말씀드리고 수사에 협조하기로 했다. 일단 납품된 용기 번호 등은 알고 있으나 실제 그 용기에 용접부가 있는지 확정할 수가 없어 원전에 압수수색 등을 진행할 수 없는 상태였고 또한 된다고 해도 원전에 들어가는 수소용기라 마음대로 분리해서 들고 나오는 것은 사실 불가능한 상태였다.

그리하여 먼저 대상 용기에 용접부가 있는지를 확인하는 것이 제일 중요한 관건이었다. 파괴 검사를 진행할 수 없으니 UT, RT, PT 등 비파괴 검사 방법으로 확인이 가능한지 체크하기로 했고 이도 저도 안 되면 페인트를 약간 베껴낸 후 에칭 액을 발라 용접부 바운더리가 나타나는지 확인하기로 했다. 우린 대상 용기가 있다는 고리 원전으로 향했다. 지금 생각해봐도 실제 현장에서 해야 될 일보다 원주에서 고리까지 왔다 갔다 하는 게 힘든 여정이었다.

신고리 원전에 도착했을 때 보안은 정말 철저했다. 카메라도 가지고 갈 수 없었고 신분 확인을 몇 번에 걸쳐 한 후 겨우 원전호기가 있는 내부로 들어갔다. 들어가면서 들은 이야기지만 신고리 원전은 현재 1, 2호기가 가동 중이고 고리에서 우리나라 전체 전력의 30%를 담당한다고 하니 실제 용기에 문제가 있다면 여기서 파생되는 문제는 훨씬 크다고 할 수 있었다.

수소 용기 창고에 도착해서 일단 수소 용기를 장착 상태에서 비파괴 검사를 할 수 있을지 체크했다. 힘든 상태였고 혹시 모르니 수소 누설 검사라도 한 번 해보기로 했는데 누설이 있지 말아야 할 용기에서 일부 누설이 확인되었다. 사실 그 때는 겁이 나기 시작했다. 수소는 폭발성이 가장 높은 가스로 약간의 마찰 및 스파크 정도만 있어도 순식간에 폭발할 수 있고 그 창고 안에는 자그마치 100여개의 수소 용기가 장착되어 있다는 사실만으로 위험성에 대해서는 더 할 이야기가 없었다.

일단 피신하듯 창고에서 나와 질소 용기 쪽으로 향했다. 질소는 불활성 가스로 조금은 만만해 보였다. 장착 상태에서 비파괴 검사는 어렵다고 판단하고 용기를 분리하여 비운 후 다시 내려와서 에칭 검사를 진행하기로 했다. 사실 같은 곳을 일주일에 두 번 정도. 먼 거리를 다시 와야 된다는 것은 그 자체가 좀 부담이었다. 연구소로 복귀해서 급한 일을 정리하고 다시 신고리 원전으로 향했고 검사를 진행했다. 하지만 고속철 납품 비리 수사와 마찬가지로 경찰청에서 찾고 있던 용기의 용접부는 없는 상태로 확인되었다. 담당하던 팀장님이 고속철 광수대 반장님과 마찬가지로 난처한 표정을 나타내셨다. 아마도 용접 용기가 나오지 않았으니 업체 측에서 강압 수사 등을 들고 나올 수 있어 대응하실 것을 생각하니 머리가 복잡하신 것 같았다. 국민입장에선 용접 용기가 나오지 않은 것이 오히려 다행이지 아닐까 싶었다.

두 개의 납품 비리 수사는 이렇게 일단락되었다. 납품 비리 수사는 안전사고를 조사하면서 느끼지 못했던 다른 느낌도 있었던 것 같았다. 하지만 안전사고 조사와 납품 비리 수사의 목적도 모두 안전이 문제가 된다는 점에선 공통점을 가지고 있고 앞으로는 비용에 앞서 안전을 먼저 생각하는 분위기가 팽배했으면 하는 바람으로 이 글을 맺고자 한다.

두륜산에서의 쥐 연애사건

2014년 11월 2일. 소위 기업에서 별을 단다. 고생 끝 행복 시작. 하늘이 주신 자리로 표현되는 연구관 승진이 결정되는 날이었다. 연구직 공무원은 특성상 연구에 매진하고 전문성 강화를 위해 행정직처럼 주사, 주사보, 사무관 등의 계급이 구분되어 있지 않고 연구사와 연구관 단두 직급만 존재하며 연구관 승진 후에는 보직만 받고 떼는 형태로 조직이 구성되므로 연구관 승진은 연구직에 있어서는 최고의 영광이라고 해도 과언이 아니었다.

연구관 승진은 대통령 명의의 임명장이 주어지는데 처음엔 초임 사무관에 준하는 대우를 받으나 해를 거듭할수록 연봉이나 사회적인 면에서 그 이상의 예우를 받는다. 연구원 내에서 혹 이는 연구관 승진을 함으로서 비로소 중앙 간부 조직에 함께하게 되고 흔히 제사 때 지방에 살아생전 무관직을 의미하는 '학생부군'이라는 문구를 때고 관직명을 적을 수 있는 영광을 누린다는 자부심을 가질 수 있다고 한다.

연구관 승진의 기분도 잠시. 다음날 바로 광주연구소 실장의 직위를 임명받고 전남, 전북, 광주 지역의 사고 조사를 총괄하는 업무를 하고 있던 중 1년이 지난 시점. 해남에서 케이블 정지 사고 소식이 언론을 통해 전해 왔다. 정말 다행인 것은 인사사고가 없이 지상 약 30m 지점에 멈춰선 케이블카에서 승객 약 50명이 안전하게 대피했다는 점이다. 일단 안도의 한숨을 쉬고 초기 사고 현장 대응을 위해 출동했던 과학수사팀 반장에게 초기 현장을 본 느낌을 물어봤다. 하지만 갑자기 튀어나오는 쥐 이야기.

처음엔 정말 무슨 소린가 생각했다. 물론 쥐가 컨트롤 박스에 들어가 문제를 일으키는 경우는 보고 전해들은 바가 있으나 흔치는 않는 상황이었기 때문이다. 경찰 측에서 문제가 된 것으로 보이는 ATS(자동절체스위치) 박스를 수거해서 사고 당일 우리에게 본 박스의 결함 여부 및 사고 관련성에 대해 감정이 의뢰된 상태였다. ATS는 주전원이 문제가 생겼을 때 케이블카가 바로 정지하는 위험한 상황을 피하기 위해 예비전원으로 전환시켜주는 역할의 박스였다.

인적, 물적 피해가 없어 접수일이 금요일 저녁이라 주말을 보내고 월요일 출근 후 차근차근 살펴볼 예정이었다. 하지만 아침부터 국민안전처에서 본 사고에 많은 관심을 가지고 있다는 전화가 걸려 왔다. 이유인 즉 불과 사고 며칠 전에 국민안전처에서 안전 점검이 있었고 당시 아무 문제가 없었는데도 불구하고 안전사고가 발생하여 VIP에게 질타를 받은 것이었다. 사안의 시급성을 인식하고는 바로 감정물이 접수된 화재분해실로 뛰어 내려갔다. 우선 감정물 상태를 확인하는 게 나에겐 중요하였다.

ATS박스는 초기 경찰 설명처럼 외부 단자에서 절연파괴 형태가 식별되었고 분해검사 결과 정말 쥐소사체 2구가 탄화되어 단자 사이에서 발견되었다. 그 상태는 감정물을 분석하는 나에게 참 신기함을 가져다주었다. 케이블카 기계실은 용도상 깊은 산속의 위치해 있기에 동물의 접근이 용이하나 기계실 내 컨트롤 박스 내에 쥐가 침입한 것도 의아했으나 침입하여 절연파괴가 일어났다 하더라도 보조전원으로 전환되면 케이블카가 정지되는 상황은 피할 수 있는데 이 또한 기능을 못했다는 점이었다.

좀 더 자세히 들여다보니 쥐는 암컷과 수컷 각각 한 마리씩 두 마리가 단자 사이에 있었고 그것도 주전원 쪽 단자에 한 마리, 예비전원 쪽 단자에 또 한 마리가 발견된 것이었다. 참 일어나기 힘든 확률의 사고 상태였다. 왜냐하면 주전원이나 보조전원 단자 어디든 한 쪽으로 두 마리가 지나가고 있었으면 케이블카가 정지되는 상황까지는 일어나지 않았을 텐데. 옆에 어깨를 맞추고 양 쪽 단자로 침입하니 본 사고가 발생된 것으로 보였기 때문이다.

더욱이 쥐가 암컷, 수컷 각 한 마리였다는 게 갑자기 웃음을 자아내게 했다. '실장님 애들 혹시 애정 행각하다가 이렇게 된 것 아니에유. 그냥 수컷이 암컷을 뒤쫓아 갔으면 괜찮았을 건데. 둘이 나란히 뛰어 가니 이런 어처구니없는 일이 발생하네요. 저두 그냥 이제부턴 뒤에서 쫓아 다녀야겠어요. 좋은 교훈 배웠네요.' 더욱이 지켜보고 있던 연구사 선생님의 말씀이 우리를 배꼽 잡게 만들었다.

ATS박스 내 사고 특이점은 확인이 된 듯했고 사고 원인도 어느 정도 짐작이 가는 상황이었다. 하지만 다른 장치에 문제가 발생했을 가능성을 확인하지 못했기에 다음날 급히 일정을 잡아 해남 두륜산 케이블카 승강장으로 향했다. 예전에 부산 금강공원에서 이탈된 케이블카 와이어로프를 산 중에서 찾기 위해 여러 번 산을 왔다 갔다 했던 그 순간이 뇌리를 스쳤다. 하지만 우리가 도착했을 땐 이미 많은 부분 수리가 진행되어 산마루에 있는 기계실까지 걸어가는 불편은 없었다. 그렇게 산마루 기계실을 올라가면서 내려다 본 두륜산의 가을 단풍은 잊을 수 없이 너무 아름다웠다. 사고 조사가 매일 힘들지만 가끔 이럴 때 보람을 느끼기도 했다. 물론 사고 당시 당황했던 탑승자의 마음도 일부 알 수 있었다.

산마루 기계실에 도착 후 둘러보니 케이블카 승강장 구조물, 운전실, 예비전원을 위한 발전기, 케이블카 구동을 위한 모터 및 와이어로프 풀리 등에서 사고와 관련된 특이점은 식별되지 않는 상태였다. 하지만 기계실 외벽의 보안 상태는 많이 허술하여 허점을 가지고 있는 듯 했다. 전원 케이블이 들어가는 구멍은 간극이 많아 동물의 침입이 용이했고 잘 관리되어야할 컨트롤 박스 하부에서도 공간이 많음을 확인하였다.

본 사고는 다행히 한바탕 해프닝으로 끝났지만 큰 대형 참사로 이어질 번한 경우임은 틀림없는 사실이었다. 다시 한 번 관리자분에게 안전관리에 대해 당부의 말씀드리고는 산을 내려왔다. 당시 내려와 먹었던 산채 정식의 맛은 잊을 수가 없었다. 사고 조사를 끝낸 보람도 있었지만 다음 주 부산연구소 발령을 앞두고 있던 터라 마음이 많이 싱숭생숭했는데 내 마음을 따뜻하게 해준 밥 한 그릇이었다.

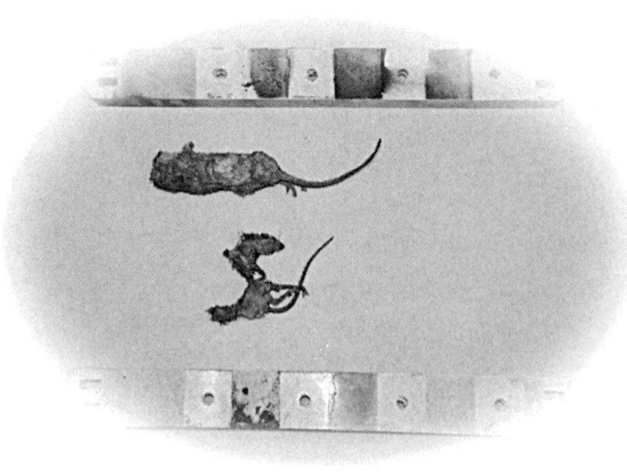

화장실 변기와 세정제

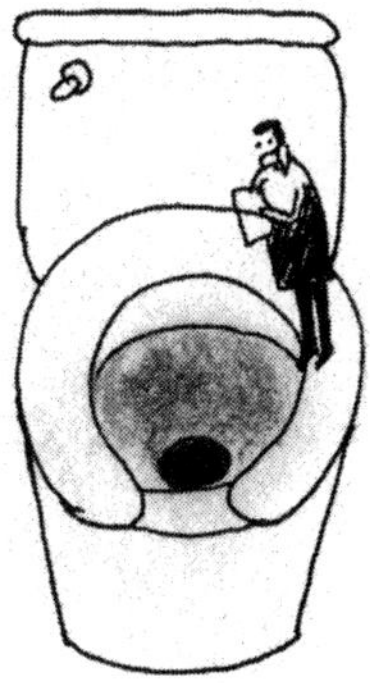

연구관으로 승진해 정신없이 발령 받아 장성에 위치한 광주연구소에서 생활한 지 1년쯤 될 무렵. 지네, 뱀 등 처음 겪어보는 생소한 환경에 어느 정도 적응해 나가며 동료들이 가족보다도 편하게 느껴질 때 쯤. 2년 정도 생각하고 있던 나의 장성 생활은 전출 이틀 전 전화에 마무리되었고 예상치도 못했던 부산연구소 발령으로 양산에서의 생활이 시작되었다. 승진 후 하루 만에 장성에 내려온 것도 그렇지만 1년 만에 다시 이틀 전 전화 한통으로 양산 생활을 시작해야 하니 또 다시 국과수 인사의 황당한 한 면을 느끼게 해주었다. 해남 두륜산 케이블카 사고의 감정서 잉크가 채 마르지도 않은 즈음 광주연구소 직원 분들과 제대로 인사도 못 나눈 채 이래 저래 챙겨 부산연구소가 있는 양산 물금읍에 둥지를 틀었다.

부산은 나의 마음의 고향이기에 어색함이 심하지는 않았지만 부산이 아닌 양산이란 동네는 많이 낯설었고 부산을 떠난 지 오래라 많이 달라진 주변 모습도 나를 이방인처럼 느끼게 하기는 충분했다. 다만 부산연구소는 부산사람이 80% 이상인지라 사투리와 식문화 등은 나를 다시금 부산 사람으로 태어나게 하는 데에는 오랜 시일이 걸리지 않았다. 부산연구소는 타 연구소보다는 관사 등이 나름대로 마련되어 있고 양산부산대 병원 앞에 위치하고 있어 상권 등이 좋아 생활하는 데는 전혀 무리가 없었다. 내가 초기 지내던 관사는 제일 먼 산 밑에 위치하고 있어 걸을 때 찬바람과 오르막의 헐떡거림 빼고는 지낼 만 했다.

10월 23일 발령을 받고 크리스마스와 연말 및 연초를 나름 부산연구소 식구들과 알차게 보내고 있을 1월 14일. 양산 한 밥집에서 폭발사고가 발생했다는 소식을 전해 듣고 가까운 곳이라 금방 끝나겠지 하는 나름 가벼운 마음으로 사고 현장에 출동했다. 10년 정도 폭발 관련 감정 업무를 해 왔던 터라 차 안에서 여러 가지 경우에 수를 생각하며 실 직원에게 뭘 주로 봐야하는지, 특이점은 어떤 것들이 있는지 등을 설명하며 현장으로 향했다.

예를 들어 가스 누설 등으로 인한 폭발은 가연 반응으로 대부분 화재를 동반하고 기존에 가스 냄새를 인지하는 등 진술과 밸브 개폐 여부 및 사고 당시 시설 등을 살펴보면 원인은 쉽게 찾을 수 있고 물리적 폭발의 경우는 화재를 동반하지 않기에 폭발 시설물의 폭발 형태 등을 살펴보면 그 또한 폭심을 추정하는 것은 쉽게 정의가 되는 부분이었다. 그 외 여러 가지 폭발 원인이 있을 수 있으나 경우의 수는 그리 많지 않았다.

현장 도착 전 화장실이 폭심 같다는 과수팀 초기 대응 진술에 정화조의 메탄 발생 가능성 등에 약간의 의구심만 가지고 현장에 도착했다. 사고 현장은 경찰서 지구대 도로 건너 맞은편 건물로 중앙에 밥집이 위치하고 좌측에 미용실이, 우측에 편의점이 위치해 있었다.

밥집과 편의점 전면 새시는 폭발로 인해 내부에서 외부방향으로 변형된 상태로 전면 유리 출입문 및 글라스월은 파편화되어 주변 인도 등에 비산된 상태였다. 밥집과 편의점 사이에는 패널 등을 이용한 가벽이 설치되어 밥집에서 편의점 방향으로 폭압에 의해 밀려 손상된 상태이며 이로 인해 냉장고 및 비품대 등의 가벽 쪽 편의점 내부 기자재가 편의점 내부 방향으로 이동된 상태였다.

편의점 내부는 밥집 간 가벽에서 편의점 내부 방향으로 가해진 폭압에 의해 천정이 붕괴되고 전면 글라스월 방향으로 폭압이 방출된 형태로 붕괴된 천정으로 인해 내부 기자재 등이 파손 및 변형된 것 외에 내부에서 사건과 관련지을 만한 특이점은 식별되지 않는 상태였다. 밥집 좌측에 위치한 미용실 내부는 밥통주먹밥 방향에서의 폭압에 의해 인접 측벽이 손상되고 석고보드 천정이 일부 파손된 상태로 내부에서 사건과 관련지을 만한 특이점은 식별되지 않았다.

폭발 규모로 볼 때는 가스 폭발이 유력해 보였다. 허나 가스안전공사 누설 및 기밀시험 결과, 가스 설비에선 어떠한 특이점도 발견되지 않았다. 가벼운 마음으로 온 사고 현장은 점점 미궁으로 빠져 들었다. 특히 전 날 집주인 동생 집에 화재가 났다는 소리에 사고라기보다는 사건, 즉 고의에 의한 방화도 의심해 볼 수 있다는 생각이 들기 시작했다. 경찰 입장에서도 사건은 점점 복잡해져만 갔다. 일반 화재 및 폭발 사고가 아닌 범죄 행위로 방향을 잡으면 사건을 형사법 측면에서 다시 검토해 봐야하기에 더욱 신중함이 필요하기 때문이다.

일단 밥집과 편의점 전면 새시가 폭발로 인해 내부에서 외부방향으로 변형된 상태이고 밥집과 편의점 사이 가벽이 밥집에서 편의점 방향으로 폭압에 의해 밀려 손상된 상태이며 미용실 내부가 밥집 방향에서의 폭압에 의해 인접 측벽이 손상되고 석고보드 천정이 일부 파손된 상태인 것으로 보아 폭심을 밥집 내부로 한정되었고 편의점 내부는 밥집 간 가벽에서 편의점 내부 방향으로 가해진 폭압에 의해 천정이 붕괴되고 전면 글라스월 방향으로 폭압이 방출된 형태로 붕괴된 천정으로 인해 내부 기자재 등이 파손 및 변형된 것 외에 내부에서 사건과 관련지을 만한 특이점은 식별되지 않는 것으로 보아 편의점 붕괴는 밥집 폭발로 인한 종속 피해로 보는 것이 적절할 것으로 판단하였다.

밥집을 폭심으로 한정한 후 밥집 내부를 하나하나 상세히 살펴보며 진입을 시작했다. 밥집 내부는 주방과 홀, 화장실 등으로 구성되어 있으며 내부 화장실에서 편의점 간 가벽 및 전면 글라스월 방향으로 폭압이 방출되어 천정 등이 붕괴된 형태로 주방 및 홀 등에서 화염으로 인한 수열 및 탄화 흔적 등이 국부적으로 식별되었다. 주방 내 천정은 화장실에서 출입문 방향으로의 폭압에 의해 밀려 나듯 붕괴된 상태이고 주방 천정을 통한 폭압 방출과정에서 후드 및 벽면 틈새 등으로 폭압이 전파되어 측벽 타일 및 벽돌 등이 이탈, 손상된 상태였다.

주방에는 건물 뒤편에 위치한 LPG 용기에서 가스가 공급되어 배관으로 연결되어 사용하는 가스온수기 1점과 버너 1점 등이 설치되어 있고 현장조사 당시 기밀시험 결과 양호한 상태이며 그 외

주방 내 사건과 관련지을 만한 특이점은 식별되지 않았다. 홀 내부에는 화장실 출입구 주변에서 화장실 출입문이 폭압에 의해 이탈 및 파손된 상태가 식별되며 그 외 홀 내부에서 사건과 관련지을 만한 특이점은 식별되지 않았다.

밥집 내 폭심은 진입하면 할수록 화장실로 좁혀지는 상황이었다. 그럼 정말 메탄이란 말인가? 그것도 겨울에... 여름철에 정화조의 경우 미생물에 의한 메탄 발생으로 폭발하는 경우가 빈번하므로 물론 의심할 수 있는 대목이었다. 하지만 푸세식도 아닌 수세식 변기에서... 정말 여러 가지 생각이 머리를 가로 질러 갔다. 밥집 주인 동생 집에서 전 날 화재가 났고 이번엔 누나 집에서 폭발사고가... 처음엔 우연이라 생각했던 부분이 점점 뭔가 연관성이 짙다는 생각으로 바뀌는 순간이었다.

화장실 진입 전 우선 정화조를 살펴보기 위해 건물 뒤편으로 향했고 역시나 생각했던 대로 정화조 배관 등에선 특이점은 식별되지 않았다. 만약 정화조 메탄 폭발이었으면 폭발 가스의 온상인 정화조가 큰 손상이 왔어야 되는데 너무나도 말짱했기 때문이다.

우린 화장실 내부를 좀 더 상세히 들여다보기로 했다. 화장실 내부에는 좌우측에 좌변기가 1개씩 위치해 있고 좌측 좌변기 전면 좌측에는 소변기 1개가 위치해 있으며 소변기 좌측면 구석에는 술박스 등이 적재되어 있는 상태이고 우측 좌변기 우측 측벽에는 세면대가 설치되어 있으며 바닥에는 빗자루 및 물걸레 등의 청소 도구 등이 위치해 있는 상태로 화장실 내부 비품 대부분에서 수열 및 탄화 흔적이 식별되는 상태였다. 주로 좌측편이 심하게 수열 및 탄화된 상태이며 화염이 좌측 좌변기 구획공간에서 좌변기 상부 천정 및 출입구 상부로 확산 전파된 형태로 좌측 좌변기 내부가 심하게 파편화되어 파손된 상태가 식별되며 좌변기 내부 및 주변에서 화염 및 탄화흔이 식별되는 상태였다.

정말 예상을 못했던 광경이었다. 10여년을 폭발사고 조사를 해왔지만 변기가 이렇게 파편화되는 상황을 본 건 처음이었고 그 광경은 나뿐만 아니라 경찰 과수팀을 포함한 조사에 참여했던 여러 전문가 분들의 의견 또한 같았다.

앞서 언급했듯이 이 황당한 상황을 종합해 보면 화장실 내부 비품 대부분에서 수열 및 탄화 흔적이 식별되는 상태로 주로 좌측편이 심하게 수열 및 탄화된 상태이며 화염이 좌측 좌변기 구획공간에서 좌변기 상부 천정 및 출입구 상부로 확산 전파된 형태이고 좌측 좌변기 내부 폭압으로 인해 변기 내부가 파편화되고 변기 상부 물탱크 공간으로 폭압이 전파되어 물탱크가 손상된 상태이며 좌변기 내부 및 주변에서 화염 및 탄화흔이 식별되는 것으로 보아 좌측 좌변기 내부의 가연 반응으로 인한 폭발 가능성이 매우 큰 상태였다. 도대체 폭원은 무엇이라 말인가?... 좌변기 내에 폭발물이나 가연물을 넣지 않고서는 과학적으로 설명이 불가한 상태였다.

IS(급진 수니파 무장단체인 이라크-레반트 이슬람국가)로 인한 테러가 전 세계를 위협하고 있던 시절이라 농담반 진담반으로 대공 협의점까지 운운하며 좌측 좌변기를 바닥에 주저앉아 자세히 살펴보기 시작했다. 파편화된 조각을 청색 테이프를 이용하여 한 땀 한 땀 붙여나갔다. 아마도 화장실 좌변기와 시름하기는 이 날이 최초이자 마지막이었던 것 같다.

재구성해본 결과, 좌측 좌변기는 변기 내부에서 폭압이 발생하여 변기 내부가 파편화되고 변기 상부 물탱크 공간으로 전파되어 물탱크 커버가 양쪽으로 밀려나듯 손상된 상태로 변기 내부에 용융된 커버 등의 플라스틱 용융 고착물을 제거한 후 검사한 결과, 변기 내부에서 물과 함께 분홍색 계통의 액체 물질 등이 식별되었다. 특이할 만한 상태였다. 우측 좌변기는 말짱한 채 좌측 좌변기 내에서만 의심 물질 등이 식별되는 상태였기 때문이다.

일단 정밀 검사를 위해 변기 내부 액체 및 변기 내부 용융 고착물을 식별되는 상태로 일부 수거하였고 국과수 법화학과 팀에 이를 의뢰한 결과 놀라운 결실을 얻었다. 다름 아닌 다량의 휘발유가 변기 내에서 검출되었고 계면활성제 성분의 세척제가 같이 검출되었다. 그제야 형사팀에서 걸려온 전화 한 통. 사고 당시 주변 CCTV 확인 결과, 한 명이 건물 외부에서 말통을 들고 있었고 폭발 후 뛰어가는 모습이 잡혀다는 것. 처음부터 아마도 이 이야기를 듣고 현장조사를 진행했으면 하는 아쉬움이 많이 들었으나 우리가 한 조사가 결코 헛된 게 아니었구나 하는 생각에 안도감도 들었다.

도주 용의자를 쫓고 있다는 이야기를 듣고 현장 조사를 마친 시각은 대략 오후 5시경. 허기를 달래기 위해 중국집에서 점심 겸 저녁으로 짬뽕으로 배를 채웠다. 양산에서 발생한 사고라 가벼운 마음으로 일찍 끝날 거라 생각하고 출동했던 현장. 결국 좌변기와 시름하며 하루를 보냈다. 역시 현장조사란 자만하면 안 되는구나 하는 생각을 다시 한 번 깨우친 중요한 날이기도 했다. 인적 피해가 없어 나름 다행이구나 하며 용의자가 빨리 잡혔으면 하는 바람으로 다음날 양산 추락사고 현장으로 향했다.

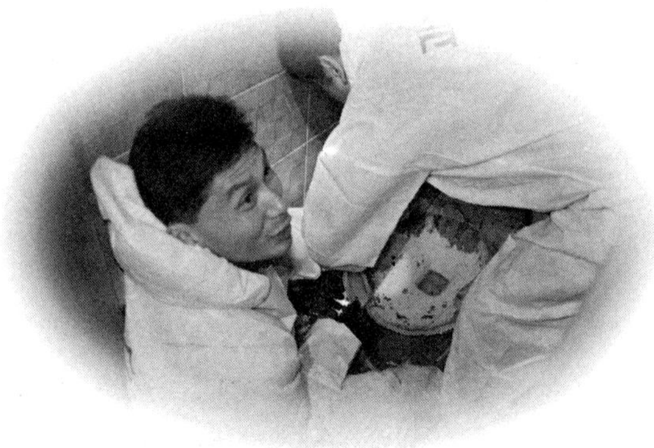

독립기념일. 옹벽 붕괴

부산연구소에 발령 받아 한창 안전사고 및 가스사고 업무에 열을 올리고 있던 중 본원 과장님에게서 한 통의 전화가 걸려 왔다. 성과급에, 인사에, 여러 가지 소문이 돌고 있던 시기라 본원에서 걸려 오는 전화는 매우 민감했다. 부산연구소에 온지 겨우 4개월 지난 터라 인사이동 대상자는 아닐 꺼라 생각하며 전화를 받았다. 인천에 크레인 안전사고로 인한 사망사고가 있으니 나보고 출장을 한번 갔다 왔으면 하는 말씀이셨다. 처음엔 지역을 잘못 생각하시고 전화를 하신 줄 생각했다. 여기서 난 부산, 경남, 울산, 대구, 광주, 전남, 전북의 안전사고를 담당하고 있었기에 인천 지역 발생사고와는 전혀 관련이 없었기에 좀 황당하기도 했다.

이야기인즉 현재 본원에서 안전사고를 담당하고 있는 실장이 미국 학회 출장을 갔으니 내가 좀 다녀왔으면 하는 생각이셨다. 솔직히 쉬이 마음이 수긍되지는 않았다. 동부권에 안전사고가 한

창 많이 터지고 있는 시기에 부산에서 인천으로 출장을 가라는 것도 그렇지만 본원에 담당 실장이 미국 학회 출장 갔으니 그 자리를 대신하라는 것에 기분이 그리 좋지는 못했다. 서울 지역 연구소가 있기에 그쪽에서 다녀와도 되는 것을 그곳은 안전사고 전문가가 없으니 나보고 대응했으면 하는 생각이셨다. 물론 내가 안전사고를 담당하고는 있으나 처음부터 안전사고를 배우고 이 업무를 하고 있는 것도 아니었고 서울 지역 요원들도 충분히 현장가면 배우면서 풀어 나갈 수 있는 부분이었다.

현장조사 다음날부터 둘째 입학식 등이 있어 정말 오래간만에 3월 1일을 끼고 3월 2일까지 이틀 정도 휴가를 내놓은 상태라 현장조사 후 서울 집에 머무를 수도 있었지만 감정물 수거 및 부산연구소에서의 대중교통 이용 문제 등으로 할 수 없이 관용차량으로 인천을 올라가 조사를 하고 저녁에 부산으로 다시 복귀한 후 다시 서울 집으로 향해야만 하는 복잡한 상황이었다.

이왕 하는 것 기분 좋게 하자는 생각으로 40m 고공의 타워크레인 위에서 추위와 고소 공포를 이겨내고 일을 잘 처리한 후 다음날부터 한 창 처리 못했던 집안 행정 업무 등으로 서울에서 이리저리 뛰어 다니고 있던 2월 29일 저녁. 오래간만에 휴가라 지인들과 강남에서 소주한 잔 하기 위해 자리에 둘러앉을 무렵. 심상치 않은 부산 과수팀의 전화 벨 소리. 정말 받기 싫은 전화벨소리였다. 특히 휴가 중인데도 전화가 걸려 오는 걸 보니 뭔가 예감이 좋지 않은 상태에서 전화를 받았다. 그리고 전달 받은 김해 신축 산단의 옹벽 붕괴 사고. 3명의 사망자가 발생한 대형 사고였다. 특히 붕괴사고의 경우는 건축 및 토목 등 검토 내용이 매우 많기 때문에 매우 머리가 복잡해 오기 시작했다. 오랜만에 잡은 지인과의 술

자리도 마음 편히 가질 수 없으니 술 생각도 확 사라진 상태였다.

사망 사고라 3월 2일까지 휴가를 냈지만 대응을 발 빠르게 해줘야 되는 상황이었기에 3월 1일 아침기차표를 겨우 구해 부산으로 내려갔다. 3월 2일은 둘째 입학식 날이었으나 아내가 출근을 하는 터라 나라도 가봐야 했고 또한 입학식 후 둘째가 어린이집을 졸업한 상태여서 학교 방과 후도 없는 첫날이라 내가 둘째를 돌봐야 해서 어쩔 수 없이 휴가를 낸 상황이었는데 3월 1일 내려갔다 다시 올라와야 하나 하면서 너무 너무 머리가 복잡했다. 더욱이 이틀 전 날 인천 사고 조사를 하고 부산에 내려가서 다시 올라온 상태라 일주일에 자칫하면 서울 부산을 3번 정도 왕복해야 하는 상황이 될지도 모르는 상황이라 혼란이 왔다. 사고의 심각성을 고려하여 일단 아무 생각하지 말자고 생각하고 3월 1일 오후쯤 현장에 도착했다.

언론이 전날 기사를 내보냈던 상태라 관련자 말고는 거의 인적이란 찾아보기 힘든 신축 외딴 공사장이었다. 일단 주변 상황을 파악한 후 과수팀에서 초기 대응했던 내용에 관해 전해 들었다. 인명구조 등으로 사고에 관한 상황 파악은 많이 부족한 상태였다. 옹벽이 예전에 완공되었고 수리가 필요하여 보수 공사 3일째 보수 공사 구간 옹벽이 붕괴되어 작업자 3명이 사망한 상태라는 것 외에 아무런 정보도 나에게 주어지지 않았다. 결국 하나 하나 내가 관련자 진술을 들어보며 정리를 해야 될 상황이었다.

우선 사고 내용을 미리 다 파악하고 있을 거라 생각되는 시행사, 건설사, 건축 및 토목 감리 분들과 함께 이야기를 시작하였다. 붕괴 사고를 자연재해라 생각하는 사람이 많은데 들여다보면 설계 불량, 설계 대비 시공 불량이 항상 잠재하고 있기 때문에 위에 열거된 사람들의 역할과 작업 내용 등을 꼼꼼히 살펴보는 것이 정확한 사고 원인을 규명하는 첫 걸음이라 생각되어 진다.

대부분 자기 업무에 대해 잘못이 있었다는 이야기는 하지 않기에 한 분 한 분 불러 이야기를 들어보는 것이 중요하다. 이렇게 하기 위해서는 최소한 그분보다도 물어보는 사람이 그에 대해 전문 지식이 월등해야 질문과 대답이 오갈 수 있다. 하지만 전 분야에 대해 모든 지식을 겸비한 채 사고조사를 할 수는 없기에 보통 내가 쓰는 방법 중에 하나는 관련자들을 같이 불러놓고 한자리에서 이야기를 시켜보는 것이다. 이런 경우 보통 자기 잘못을 피해가기 위해 자기가 잘 한 일과 다른 사람이 잘못한 일 위주로 이야기를 하게 되는데, 결국 공사 관련자들끼리 논쟁이 오가는걸 지켜보면서 그 안에서 답을 찾을 수 있다.

이번 사건도 시행사/건설사 부도에, 하청에, 매우 이해관계가 복잡하게 얽혀 있기 때문에 서로 간의 논쟁을 시키는 방법으로 현장에서 많은 답을 구해냈다. 뒤에 경찰에게 들은 이야기지만 그 방법에 있어 답을 찾아가는 능력이 나보고 탁월하다는 말을 카리스마라고 표현하기도 했다. 하나하나 사고 현장과 작업 내용 등에 관해 논쟁을 통한 사고조사가 시작되었다. 사고현장은 김해 나전 일반산업단지 내 B-6블록 8호 블록식 보강토 옹벽으로 2단계에 걸쳐 완공된 길이 85m의 1구간 옹벽에 추가하여 시공된 높이 10.8m, 길이 40m의 2구간 옹벽이었다. B-6블록 8호 보강토 옹벽 2구간 중 사고 지점 중앙부는 8호 옹벽 우측 끝단에서 좌측으로 약 25.4m 지점으로, 보강토 옹벽에서 사전 배부름 현상이 식별되고 본 사고는 진입도로 개설을 위해 설치된 보강토 옹벽 위 L형 옹벽이 지반침하로 들뜨고 파손됨으로 인해 보수 작업 중 작업 구간 옹벽이 붕괴되어 작업자 3명이 사망하였다.

옹벽 붕괴 형태는 사고 당시 철거 작업 중이던 절단된 콘크리트 L형 옹벽 구간 아래 보강토 옹벽 상부 부분 토사와 보강토 블록이 V자 형태로 함께 붕괴된 상태로 붕괴된 옹벽 내부 그리드와 보강토의 결속이 약한 상태에서 붕괴된 토사와 블록이 신축 공장 측면을 치고 들어와 공장 내부로 쏟아져 내린 상태였다. 옹벽이 붕괴된 나전 일반산업단지 산업용지 B-6블록은 초기 허가 시 8호 보강토 옹벽 위를 사면으로 안전공간 및 녹지공간이 확보되도록 설치되었으나 8호 보강토 옹벽 위 사면처리구간을 산업용지 손실을 줄이기 위해 진입도로로 활용하는 것으로 건축 변경이 이루어졌고 현장 조사 당시에는 초기 사면이 제거된 후 8호 보강토 옹벽 위에 L형 옹벽이 설치된 상태였다.

여기서 매우 특이할 점은 현장 조사 당시 변경 승인된 L형 옹벽 외에 옹벽 붕괴 구간 최인접 상부에 초기 및 변경 당시 승인되지 않은 건축이 다소 진행된 임의의 신축 공장동이 식별되는 상태로 관련자 확인 결과, L형 옹벽 및 진입도로 개설로 인한 사전 옹벽의 구조안정성 검토는 진행되었으나 상부 공장동 건축에 따른 사전 옹벽 구조안정성 검토는 진행되지 않은 상태였다. 본 사고에 있어 핵심을 찾아내는 순간이라 매우 짜릿하기도 했다.

또한 사고 옹벽은 보강토 옹벽 위에 L형 옹벽이 시공 시작되면서 사전에 배부름 현상이 식별되었고 신축 공장동 공사가 시작되면서 그 정도가 심해 민원이 제기되고 산업단지 토목 관리 측에서 시행사로 수차례에 걸쳐 현장 확인 및 공사 중지 요청 공문 등이 발송되었으나 옹벽 위 건축 시공이 계속 진행된 상태였다. 계측기관에서 작성된 보고서를 살펴보면, 사고 옹벽의 배부름 정도가 기준 값을 초과한 상태였다. 정말 파악하면 할수록 많은 문제점들이 들어 났고 이 사고 역시 결국 인재였구나 하는 결론에 돌아가신 분들을 생각하니 너무 마음이 안타까웠다.

배수구조 또한 초기 허가 시 8호 보강토 옹벽 위를 사면으로 설치 시 측면 배수 구조가 적용되어 있었으나 현장 조사 당시 사면을 제거하고 진입도로 및 신축 공장동이 시공되면서 신축 공장 자체 건축에만 배수 구조가 일부 시공되어 전체 B-6블록 공장부지는 시공 중인 상태로 인해 배수 구조가 불량인 상태였다. 짧은 시간이지만 많은 내용이 파악되었고 사고 원인도 일부 결론을 내고서야 안심이 되었는지 그제야 아침, 점심을 모두 굶었다는 생각이 들기 시작했다.

저녁 5시경. 경찰서에서 관련자들이 자기의 언변을 증명할 수 있는 서류를 준비해서 다음날 다시 보기로 하고 우린 식당으로 향했다. 3월 1일 서울에서 밥도 굶으며 내려온 게 너무 미안하셨는지 과수팀장님께서 김해 맛집으로 우릴 안내하셨다.

피곤한 몸을 이끌고 관사에서 눈을 잠시 붙인 후 다음날 바로 경찰서로 향했다. 일부 내용이 파악되어 있는 상태라 그리 조사 업무에 대해 많이 걱정은 되지 않았다. 인허가문제까지 정리해줬으면 하는 형사과장님의 당부말씀을 전해 듣고 세미나실로 향했고 전 날보다 서류를 통한 훨씬 전문적인 이야기가 오고 갔다.

정리가 될 쯤 정말 참석하려 했지만 불참할 수밖에 없었던 둘째 아이 입학식이 생각났다. 아내도 오후에 일 나갈 건데 애는 어떻게 하고 갔는지... 여러 걱정이 들었다. 다행히 아내가 태권도장 사범님에게 둘째를 맡겼다는 이야기를 듣고서야 마음이 놓였다. 우리 주위에 조심만 하면 막을 수 있는 재난안전사고가 무궁무진하게 많다. 하지만 행정 논리, 관련 기관의 땅싸움 및 기싸움 등으로 인해 아무것도 진행되지 않은 안전예방관련 행위도 무궁무진하게 많다. 언제쯤 우린 안전 안심 사회에 다가갈 수 있을까 하는 생각을 하며 세미나를 마친 후 담배 한 대를 입에 물었다.

제주 태풍을 헤치고

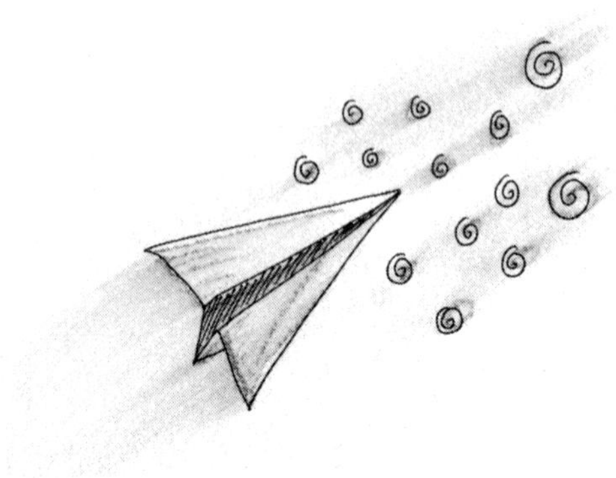

안전사고 동남권 광역팀이 부산에 조직되어 팀장으로 한창 동남권 안전사고 현장을 다닐 때였다. 당시 국과수에는 안전사고를 조사할 만한 전문 인력이 2명 정도 밖에 없던 터라 본원에서 서울, 경기, 강원, 대전 지역을 맡고 부산연구소에 내가 전입해 옴으로써 동남권이라 불리는 부산, 대구, 경북, 경남, 울산, 광주, 전남, 전북 지역의 사고를 대응하고 있었다. 실로 일반인들이 들으면 '그게 가능해요?' 할 범위의 지역을 방랑자처럼 떠돌며 잠만 부산에 관사에 와서 자고 다시금 아침에 출장을 가는 생활이었다.

전남 광주에 한 교회에서 천정 붕괴사고가 있어 비바람이 몰아치는 날 힘겹게 감정을 마치고 다녀오던 중 본원에서 전화 한통을 급히 전해 받았다. 본원에서 전화가 오는 경우는 대부분 요청이나 부탁을 하는 경우가 대부분이기에 그리 반갑지는 않은 전화라고 생각했다. 내용인 즉, 본원이 좀 바쁜 관계로 제주도에 고소작업차 안전사고가 있는데 부산에서 대응을 좀 해줬으면 하는 내용이었다. 사실 동남권 상황도 그리 좋은 상황은 아니었지만 어렵게 부탁을 하는 걸 알기에 우리 쪽에서 대응하기로 일단 이야기를 단락지었다.

본원이 서울에서 원주로 이동하고 난 후 제주도 사고를 본원에서 대응하는 것은 교통 측면에서 매우 어려운 상황이었다. 아마도 서울 본원 시절 제주가 본원 관할로 정리된 상황이 원주로 본원을 이전하면서 연계됨으로 인해 발생되는 문제점이었다. 사실 감정물이 우편으로 왔다 갔다 할 수 있는 부서는 문제가 되는 부분이 아니었기에 연구원 차원에서 크게 이슈가 되는 건 아니었다. 본원 원주에서 제주로의 교통은 하루에 한 번 뜨는 항공편. 사실 긴급 및 신속 감정이라는 타이틀을 가지고 일을 하고 있었지만 여러 가지 주변 여건이 그리 호락하지는 않은 상황이었다. 일단 제주 담당 형사님과 통화한 후 5월 2일. 1박 2일 일정으로 날을 잡았다.

5월 2일 아침. 전 날 일기예보에서 많은 비와 강한 바람을 예보했으나 김포 공항까지 나오는 길은 앞으로 있을 상황을 그리 예측하기 어려울 정도로 약간 심한 봄바람 정도만 불고 있었던 것으로 느껴졌다. 일도 일이지만 오랜만에 제주를 간다는 생각에 내심 약간 들뜬 마음이 있었나 싶기도 했다.

집이 서울인 관계로 주말을 지나 월요일 아침 출발해야 하기에 난 김포에서 출발을 하고 부산연구소 동료는 김해공항에서 같은 시간에 출발 후 제주도에서 합류하는 일정이었다. 약간의 바람으로 인한 흔들림에 불안함은 있었으나 제 시간에 제주에 도착했고 경찰 분들도 우리를 배웅하러 공항에 나와 계셨다. 그런데 왠지 모를 무겁고 어둡고 차가운 기운. 제주 날씨가 점점 어두워지고 바람이 강해지기 시작하면서 도착 게이트 옆 항공 상황 모니터에서 결항이라는 빨간색 글씨와 지연이라는 노란색 글씨가 보이기 시작했다. 그리고 벌써 착륙했어야 할 동료가 탄 항공기는 도착 정보에 올라와 있지도 않은 상태였다.

기다리기를 한 시간. 전화를 해도 받지 못하는 것은 아마도 아직 항공기에 있다는 뜻으로 받아들였기에 마지막으로 다시 한 번 전화를 시도한 후 연락이 되지 않자 경찰 분들과 먼저 이동을 하기로 결심했다. 시간이 어둑어둑해졌고 바람이 무척 강한 상태라 그날 감정을 어느 정도를 해야 한다는 생각에 부담감마저 드는 상황이었다. 아차! 중요한 건 감정의 생명인 카메라와 측정 장비 등을 모두 부산연구소 동료가 가지고 오기로 한터라 나에겐 감정과 관련해서는 아무것도 준비되지 않은 상태였다. 결국 제주지방청 과수팀으로 이동 후 관련 장비들을 빌려 현장으로 향하기로 하고 과수팀 사무실로 들어섰다.

근무 과수팀 분들이 현장을 나간 터라 제대로 된 카메라조차도 한 대 없는 상황. 난감해하고 있을 때 쯤. 나에게 경찰수사연수원에서 강의를 들은 교육생분이라고 하면서 과수팀 한 반장님께서 캐비닛에서 버전이 오래되었으나 나름 역할을 할 수 있는 카메라와 렌즈 등을 챙겨 주셨다. 다시 한 번 과수팀과 동료애를 느낄 수 있는 상황이었다. 날은 거의 어둑해지는데 동료에게선 그 때까지도 전화 한 통 없던 상황. 현장까지의 거리를 물으니 제주시에서 약 50분 거리. 참 여러 가지가 난감한 상태였다.

일단 바람은 제외하고서라도 비가 몰아치기 전에 감정을 끝내야 한다는 생각에 바삐 서둘러 현장에 도착했다. 사고 현장은 제주의 한 호텔이었으나 고소작업차 분해 및 정밀 감정들을 위해 정비창으로 차량이 이동된 장소로 나를 인도했다.

다행히 도착했을 때 비는 오지 않는 상태였고 동료에게서 기상 문제로 제주에 내리지 못하고 다시 김해 공항으로 회항했다는 연락도 받았기에 그 전 상황을 잊고 감정에만 매진하려고 마음을 다잡았다. 기존에 분해해 놓았던 작업 차량이 있어서 이를 정비하고 다시 조립하고 난 후 사고 대상 차량을 같이 보자고 하시는 사장님의 말씀. 그런데 갑자기 '저 어디서 본 적 없으세요?'라고 물어보시는 낯익은 목소리와 얼굴... 광주연구소 이공학실장으로 재직하고 있을 때 전남대 체육관에서 고소작업차 추락사고가 있었는데 그 때 와서 도와주셨던 정비소 사장님이셨다. 그리고 몇 달 지나 이곳 먼 제주 한라산 중턱에서 또 만나 뵈니. 이런 인연도 있구나 라는 생각이 들었다.

빠른 시간 내에 그 전 일을 마쳐 달라 부탁드리고 사고 전말을 파악하며 기다리고 있는 중이었다. 사고 차량 감정을 위해 정비창으로 이동시키자마자 비가 한 방울씩 떨어지기 시작했다. 하늘은 점점 먹물을 칠해놓은 듯 변해가고 스산한 분위기가 온몸을 감쌌다. 그리고 시작되는 비바람... 나도 부산에서 살았고 태풍으로 인해 온갖 일을 다 겪고 살아온 터라 웬만한 상태는 놀라지도 않지만 정말 대단한 비와 바람이었다. 여하튼 방법은 하나였다. 지금 그 자리에 빨리 감정을 마치고 나가는 것.

해당 고소작업차는 와이어로프가 파단되어 붐대가 갑자기 인입되면서 그 충격으로 탑승함에 타고 계셨던 작업자가 추락하여 사망한 상태였다. 고소작업차는 여러 면에서 건설기계로 사용되고 있으나 국내법 상 건설기계로 취급되지 않는 장비여서 안전 점검 및 안전 승인 등이 필요 없는 기구이므로 한 달에 많으면 6차례 이상 추락사고가 발생하여 사망사고로 이어진다. 고소작업차 붐대는 연동되어 인입 및 인출 작업이 수행되고 보통 붐대를 연동시키는 와이어로프나 체인이 파단되면서 붐대가 갑자기 인입되어 작업자가 지상에 추락하게 되는 사고가 빈번히 발생한다. 또한 고속작업차는 붐대 인출 길이에 대해 작업할 수 있는 작업 반경이 정해지는데 붐대를 완전히 인출시킨 상태에서 일순간 편하게 작업하기 위해 작업을 무리하게 진행하다 그 작업 반경을 초과하면서 차량 자체가 전도되거나 차량 붐대가 탑승함과 함께 추락하게 되는 것이다.

앞에서 언급한 이 두 가지 경우가 고소작업차 추락 사고의 대부분을 차지한다 해도 과언이 아니다. 물론 이 분야에 종사하시는 사람은 누구나 알고 인지하고 있는 경우이다. 하지만 문제는 매 똑같은 사고가 아무런 예방책, 제재 없이 빈번히 전국적으로 발생하고 더욱 한심한 것은 앞으로도 이를 예방할 대책을 어떤 기관에서 마련해야 될지 조차 모른다는 것이다. 고압용기나 유희시설 등과 달리 고속작업차는 이를 설계하고 제작하고 승인하고 점검하는 관리 주체가 없다는데 있다.

일단 사고 대상 차량은 인출 와이어로프가 파단되어 있음을 확인했기에 이로 인해 붐대가 인입된 것으로 사고 원인에 대한 명확한 판단이 가능한 상태였다. 인출 와이어로프 검사가 끝나고 붐대 내부에 인입 체인 등을 확인하려고 붐대를 드는 순간. 공장 내부에선 영화에서 볼 만한 광경이 일어나고 있었다. 이 정비창은 지어진지 겨우 한 달이 안 된 샌드위치 패널 가건물이라 출입문 및 창문 등이 전혀 없는 상태로 그냥 지붕이 비바람을 막을 수 있는 정도라 외부에서 몰아치는 비바람이 정비창 내에서도 그대로 재현이 되고 있는 상태였다. 그 무거운 붐대가 허공에서 휘청휘청하고 있다는 사실을 믿으실지 모르겠다. 쌓여 있던 건축 자재 등이 내부에서 이리로 저리로 막 날아다니고 뾰쪽하고 둔한 도구마저 공중을 이리저리 가로 질렀다. 정말 여기 더 있다간 죽겠구나 싶은 상태였다.

1차 확인을 마쳤으니 관련 감정물을 연삭기나 기타 공구로 바쁘게 절단 수거한 후 비바람을 막고 서 있던 출입구 앞 차량에 겨우 몸을 실었다. 그리고 그제야 형사님들에게 물었다. ‘제주도 날씨가 매 이러나요?’ 돌아오는 대답은 간단했다. ‘그러게 오늘 좀 세네. 한라산이라 더 그런 거예요. 제주시 가면 좀 괜찮아 질 거예요.’ 내가 정말 살아서 제주시까지 갈 수 있을지 두려워하고 있을 때 역시 제주도 현지분들은 태연했다. ‘저녁 뭐 먹을까요?’ 하시며 제주시에 도착하니 정말 언제 그랬냐는 듯이 비는 많이 줄었으나 바람은 그래도 여전히 강한 편이었다. 그리고 제주시에 도착한 시간은 저녁 9시경. 그제야 저녁 한 끼를 먹으러 식당으로 향했다. 무사히 감정을 잘 마친데 감사하며 간단히 젖은 옷을 말리며 소주 한잔으로 몸을 데웠다.

다음날 아침. 수거 감정물 검사와 카메라 등을 돌려주기 위해 다시금 지방청으로 향했다. 바람은 나름 불었으나 날씨는 개고 있는 상태였다. 물론 항공사에서 결항 및 지연 등의 알림 메시지가 오지 않은 상태라 가벼운 마음으로 일을 마친 후 공항으로 향했다. 단체 수행여행단이 와 있어 제주공항을 정말 자갈치 시장을 방불케 했다. 도착 후 날아오는 알림 메시지. 지연이라는 노란색 두 글자. 그래도 비행기가 뜬다는 희망에 제주 공항 한편에 자리를 잡고 앉았다.

그러기를 두 시간. 뒤 시간에 예정된 비행기는 벌써 가고 없는 상태. 유독 내가 타고 가야할 항공기만 지연이 계속 되는 상태였다. 게이트를 두 번이나 바꿔어가며 자꾸 나오는 지연 방송. 아직 여러 가지 상황으로 비행기가 도착하지 못하고 있다는 항공사 관계자의 말만 들려 왔다. 5시간 지연이 된 상황에서 드디어 비행기에 올랐다. 야!! 이젠 진짜 집에 가는 구나. 계획했던 것보다 조금 늦게 집에 가는 거야 하며 혼자 마음을 달래면서 긍정 마인드로 김포로 향했다. '우리비행기는 김포공항에 지금 착륙하겠습니다.' 드디어 지상에 발을 내딛는 순간이었다. 그런데 이게 웬일. 창가 옆에 활주로가 보였던 상태였지만 비행기는 아무런 방송 없이 다시 상공으로 차고 올라갔다. 기상 상황이 좋지 못해 기다린 후 다시 착륙을 시도 하겠다는 거였다. 김포공항 상공으로 진입하는 상태에서도 비행기가 많이 흔들려서 좋지 않은 느낌이 드는 상황이었지만 활주로를 옆에 두고 착륙을 못하는 것은 좀 이해하기가 힘들었다.

그러기를 세 차례. 거의 한 시간 이상의 시간을 김포 상공에서 이러고 있었다. 결국 모든 승객이 긴장하고 있을 무렵 한 차례 웃음을 터트리게 하는 방송이 들려왔다. '이 비행기는 기상상황으로 김포에 착륙하지 못하고 인천국제공항으로 착륙하겠습니다.' 그래도 나름 서울 근처에 내린다니 그것만으로도 감사한 상황이었다. 어떤 아주머니는 그 상황에서 손을 들고 벌떡 일어나 '그럼 우리 김포공항까지 데려다 주는 거예유.' 하고 여유를 부리기도 하셨다.

다행히 인천국제공항 활주로에는 한 번에 착륙이 이루어졌다. 모두가 안도의 한숨을 내쉬는 순간이었다. 그리고 공항버스를 타고 집에 도착한 시간은 저녁 11시. 참 이틀 동안 정말 긴 여정을 보내고 온 듯 했다. 집에 도착하니 몸에 힘이 빠져 서 있을 기운조차 없을 때 아내와 아이들을 보며 기운을 차렸다. 집에 와 뉴스를 보고 알게 된 이야기지만 그날의 제주도 풍속은 손꼽을만한 태풍보다도 훨씬 강한 상태였다는 걸 알게 되었다.

다음 주 다시 제주를 찾았다. 학회 발표가 있어 이번엔 가벼운 마음으로 공항에 내렸다. 그 때 날씨가 언제 그랬냐는 듯 맑고 약간은 무더웠다. 아마도 나에게는 제주공항 내 세관에서 사고가 나 제주에 왔으나 제주공항 밖을 한 번도 나가보지 못하고 서울로 돌아온 후 또 하나의 추억을 심어준 제주 현장 조사의 기억이었다.